"十四五"职业教育国家规划教材

本教材第三版获首届全国教材建设奖全国优秀教材二等奖

数控编程及加工技术

（第四版）

李桂云　王晓霞　主　编

张　勇　姜东全　副主编

胡宗政　主　审

 大连理工大学出版社

图书在版编目(CIP)数据

数控编程及加工技术 / 李桂云,王晓霞主编. -- 4
版. -- 大连 : 大连理工大学出版社,2023.2(2024.9重印)
ISBN 978-7-5685-3891-6

Ⅰ. ①数… Ⅱ. ①李… ②王… Ⅲ. ①数控机床-程
序设计-教材②数控机床-加工-教材 Ⅳ. ①TG659

中国版本图书馆 CIP 数据核字(2022)第 140371 号

大连理工大学出版社出版
地址:大连市软件园路 80 号 邮政编码:116023
发行:0411-84708842 邮购:0411-84708943 传真:0411-84701466
E-mail:dutp@dutp.cn   URL:https://www.dutp.cn
大连图腾彩色印刷有限公司印刷   大连理工大学出版社发行

幅面尺寸:185mm×260mm   印张:17.25   字数:438千字
2011 年 4 月第 1 版   2023 年 2 月第 4 版
2024 年 9 月第 5 次印刷

责任编辑:陈星源   责任校对:吴媛媛
封面设计:方 茜

ISBN 978-7-5685-3891-6   定 价:56.80 元

前　言

　　《数控编程及加工技术》(第四版)是"十四五"职业教育国家规划教材、"十二五"职业教育国家规划教材,本教材第三版获首届全国教材建设奖全国优秀教材二等奖。

　　本教材是高职数控技术、机械制造及自动化、机械设计与制造、模具设计与制造、机电一体化技术等专业的教学用书,也可以作为从事加工制造业的技术人员或者操作者的参考书。

　　本教材全面贯彻党的二十大精神,落实立德树人根本任务,培养学生具备工匠精神、创新精神、可持续发展能力,能够编写零部件的加工程序,熟练使用仿真软件验证程序的正确性,通过一定时间的数控机床加工实训,取得"1+X"数控车、铣加工职业技能等级证书(中级),为就业打下良好的基础。

　　本教材在编写过程中力求突出以下特色:

　　1.构建工学结合,教、学、做一体化的教材体系

　　通过指令应用传授知识——教,指令应用练习——学,在仿真软件或数控机床上加工——做,真正实现理论与实践相结合,编程与仿真校验相结合,仿真操作与机床实际加工相结合,突出培养学生的操作技能。

　　2.按照学生认知规律创设功能模块

　　按照数控机床操作难易程度,设计了数控车削零件的编程及仿真加工、数控加工中心零件的编程及仿真加工、实际生产加工案例三个模块。前两个模块为专业基础,由浅入深地学习编程指令、方法和技巧及仿真软件操作,通过仿真加工既可以验证程序正确性,又为生产实践打下一定的基础。实际生产加工案例模块既是专业基础模块的综合应用,又可以使学生体会到工厂实际加工的真实性。

　　3.以国家职业资格标准为依据,创设工作任务

　　根据企业的岗位需求,以数控车床、数控加工中心国家职业资格标准为依据,结合典型零件加工的工作任务,以行动导向为特征,以企业技术标准与合格员工标准为目标创设工作任务。以具体任务的工作过程为主线,适时、适量、适用地插入"相关知识""任务实施""拓展训练",将枯燥的数控编程理论知识有机地融合在任务完成的过程中,有利于提高学生的学习兴趣,降低学习难度。

4. 与职业技能鉴定接轨,设计教学内容

教材设计了与职业技能鉴定相结合的教学内容,任务内容与技能鉴定的职业标准相吻合,学生完成教材内容的学习和训练后,再经过一定时间的强化训练,可参加相应工种的中级工技能鉴定。

5. 仿真与实操相结合,提高学生技能水平

通过仿真训练,熟悉数控机床的基本操作后进行生产设备实习,解决设备少、上机时间短的问题,提高学生的数控编程、加工操作技能水平。

6. 配套资源丰富,便于教与学

教材配套资源形式多样,主要有教师出镜真实场景拍摄视频、PPT 演示＋真人拍摄视频、二维动画、屏幕录制等多种形式。全书共配 138 个数字资源,方便教师教学和学生随时随地学习。"应知训练"实现了以信息网络平台为基础的在线测试功能,在智慧职教 MOOC 建设了在线精品开放课程,便于学生随时随地检验自己的学习效果。

本教材由天津工业职业学院李桂云、王晓霞任主编;安徽工业经济职业技术学院张勇、哈尔滨职业技术学院姜东全任副主编;天津工业职业学院冯艳宏、肖卫宁、李焱、王庆龙,天津市创元工程机械有限公司刘志琴任参编。具体编写分工如下:李桂云编写模块一的任务一至任务五;王晓霞编写模块一的任务六至任务八、模块二的任务七和拓展训练;张勇编写模块二的任务一和任务六;姜东全编写模块三的任务一;冯艳宏编写模块二的任务四和任务五;肖卫宁和王庆龙编写模块三的任务三;李焱编写模块二的任务二和任务三;王庆龙和刘志琴编写模块三的任务二;刘志琴提供部分图纸并审核全部图纸及数字资源。本教材由李桂云统稿和定稿。兰州职业技术学院胡宗政审阅了全稿并提出了许多宝贵的意见和建议,在此表示衷心的感谢!

在编写本教材的过程中,我们参考、引用和改编了国内外出版物中的相关资料和网络资源,在此对这些资料的作者表示深深的谢意! 请相关著作权人看到本教材后与出版社联系,出版社将按照相关法律的规定支付稿酬。

由于编者水平及时间限制,不妥之处敬请读者批评指正。

编 者

2023 年 2 月

所有意见和建议请发往:dutpgz@163.com

欢迎访问职教数字化服务平台:https://www.dutp.cn/sve/

联系电话:0411-84707424 84708979

目　录

模块一　数控车削零件的编程及仿真加工 ································· 1

　　任务一　初识数控车削加工 ································· 1

　　任务二　台阶轴零件的编程及仿真加工 ································· 14

　　任务三　简单成型面零件的编程及仿真加工 ································· 25

　　任务四　螺纹零件的编程及仿真加工 ································· 35

　　任务五　手柄零件的编程及仿真加工 ································· 48

　　任务六　盘套类零件的编程及仿真加工 ································· 57

　　任务七　曲面轴零件的编程及仿真加工 ································· 69

　　任务八　配合件的编程及仿真加工 ································· 79

模块二　数控加工中心零件的编程及仿真加工 ································· 96

　　任务一　初识数控加工中心加工 ································· 96

　　任务二　凸台零件的编程及仿真加工 ································· 108

　　任务三　型腔零件的编程及仿真加工 ································· 117

　　任务四　孔系零件的编程及仿真加工 ································· 124

　　任务五　槽类零件的编程及仿真加工 ································· 142

　　任务六　非圆曲面类零件的编程及仿真加工 ································· 152

　　任务七　配合件的编程及仿真加工 ································· 161

模块三　实际生产加工案例 ································· 174

　　任务一　数控车削生产加工案例 ································· 174

　　任务二　数控加工中心铣削生产加工案例 ································· 192

　　任务三　数控车铣复合生产加工案例 ································· 211

参考文献 ································· 220

拓展训练 ································· 221

素养提升

为中国品牌、中国速度做奉献

矢志奋斗，只争朝夕

小喷嘴助力航天梦

让中国制造业在世界上
更有话语权

铸"国之重器"，将数控机床功能
发挥到极致

用完美工艺为大飞机
C919 添翼

"数控编程达人"养成记

以"毫厘精神"托举大国利剑

忠诚兵器，用过硬技能
带卓越团队

惟有精致入微，方可直抵苍穹

做航天精品，永远"不凑合"

大国重器精密部件的"雕刻师"

数字资源列表

序号	名称	所在位置	序号	名称	所在位置
1	准备工作	3 页	35	G00 快速点定位指令	105 页
2	输入程序	7 页	36	G01 直线插补指令	105 页
3	试切法对刀	7 页	37	G40/G41/G42 刀具半径补偿指令	111 页
4	自动加工与测量	9 页	38	G02/G03 圆弧插补指令	112 页
5	G00 与 G01 指令	18 页	39	M98/M99 子程序调用指令	113 页
6	G71 粗加工复合循环指令	20 页	40	凸台零件自动加工	114 页
7	G71 与 G70 指令	21 页	41	凸台零件自动编程	117 页
8	G02/G03 圆弧插补指令	26 页	42	G10 用程序输入补偿值指令	120 页
9	切槽刀的选择与对刀	30 页	43	多把刀具的 Z 向对刀	121 页
10	G04 暂停指令	38 页	44	型腔零件自动编程	124 页
11	G92 螺纹切削循环指令	40 页	45	G81 点钻循环指令	128 页
12	G76 螺纹切削复合循环指令	42 页	46	G82 镗阶梯孔循环指令	129 页
13	螺纹刀选择与对刀	43 页	47	G83 深孔钻削循环指令	130 页
14	程序导入与导出	44 页	48	G85 镗孔加工循环指令	131 页
15	G73 固定形状粗加工复合循环指令	49 页	49	G76 精镗孔循环指令	132 页
16	子程序	51 页	50	G74/G84 攻螺纹循环指令	133 页
17	G72 端面粗加工复合循环指令	60 页	51	G51/G50 比例缩放指令	135 页
18	钻头的选择与对刀操作	61 页	52	钻头、铰刀的选择与安装	136 页
19	镗孔刀的选择与对刀操作	62 页	53	平面轮廓自动编程	141 页
20	内螺纹刀的选择与对刀操作	63 页	54	孔自动编程	141 页
21	盘套类零件仿真加工	68 页	55	孔系零件仿真加工	142 页
22	椭圆编程	72 页	56	G68/G69 坐标系旋转指令	145 页
23	抛物线编程	74 页	57	G51.1/G50.1 可编程镜像指令	146 页
24	曲面轴零件仿真加工	79 页	58	半封闭槽自动编程	151 页
25	工件 1 左端外轮廓自动编程	94 页	59	圆弧槽自动编程	151 页
26	工件 1 左端内轮廓自动编程	94 页	60	槽类零件仿真加工	152 页
27	工件 2 左端外轮廓自动编程	94 页	61	椭圆凸台编程	154 页
28	工件 2 左端内轮廓自动编程	94 页	62	G02/G03 螺旋插补指令	156 页
29	工件 2 右端内轮廓自动编程	94 页	63	正方向凸台自动编程	158 页
30	工件 1 右端外轮廓自动编程	94 页	64	倒圆面自动编程	159 页
31	工件 1 工件 2 组合外轮廓自动编程	94 页	65	椭圆型腔自动编程	159 页
32	设置并安装工件	101 页	66	M24×1.5 内螺纹自动编程	160 页
33	选择并安装刀具	101 页	67	工件 1 外轮廓（底面）加工程序	167 页
34	建立工件坐标系	102 页	68	工件 1 外轮廓（底面）自动编程	167 页

序号	名称	所在位置	序号	名称	所在位置
69	螺纹底孔加工程序	167 页	104	游标卡尺	185 页
70	螺纹底孔自动编程	167 页	105	内径千分尺	186 页
71	外轮廓（正面）加工程序	167 页	106	螺纹量规	187 页
72	外轮廓（正面）自动编程	168 页	107	粗糙度比较样板	187 页
73	$\phi 38_{-0.35}^{\ 0}$ mm 圆台加工程序	168 页	108	表面粗糙度检测仪	187 页
74	$\phi 38_{-0.35}^{\ 0}$ mm 圆台自动编程	168 页	109	转轴和转帽的加工程序	190 页
75	扇形左右槽加工程序	168 页	110	初识加工中心结构与面板	192 页
76	扇形左右槽自动编程	169 页	111	开机操作	196 页
77	扇形上下槽加工程序	169 页	112	手动返回机床参考点	197 页
78	扇形上下槽自动编程	169 页	113	夹具、工件装夹及找正	198 页
79	$4 \times \phi 8_{0}^{+0.02}$ mm 孔加工程序	170 页	114	刀具装入刀库	199 页
80	$4 \times \phi 8_{0}^{+0.02}$ mm 孔加工自动编程	170 页	115	偏心式寻边器对刀操作	200 页
81	M26×2 螺纹及底孔加工程序	170 页	116	Z 轴设定器进行 Z 方向对刀	200 页
82	M26×2 螺纹及底孔加工自动编程	170 页	117	自动加工	201 页
83	小方台去残料加工程序	170 页	118	关机操作	202 页
84	小方台去残料自动编程	170 页	119	深度游标卡尺	202 页
85	$\phi 38_{+0.01}^{+0.04}$ mm 圆孔加工程序	171 页	120	外径千分尺	202 页
86	$\phi 38_{+0.01}^{+0.04}$ mm 圆孔自动编程	171 页	121	上表面铣削自动编程	207 页
87	花形槽加工程序	172 页	122	外轮廓自动编程	207 页
88	花形槽自动编程	172 页	123	台阶粗加工自动编程	208 页
89	4×M6 螺纹孔加工程序	172 页	124	铣圆孔加工自动编程	208 页
90	4×M6 螺纹孔自动编程	172 页	125	轮廓精加工自动编程	209 页
91	初识数控车床结构及面板	176 页	126	孔加工自动编程	209 页
92	机床上电	180 页	127	铣螺纹加工自动编程	210 页
93	刀架手动进给	181 页	128	零件底面加工自动编程	210 页
94	手动控制主轴转动	181 页	129	外圆车削粗加工自动编程	216 页
95	手动操作刀架转位	181 页	130	内孔车削粗加工自动编程	216 页
96	三爪卡盘装夹工件	182 页	131	外圆车削精加工自动编程	217 页
97	百分表找正	182 页	132	内孔车削精加工自动编程	217 页
98	机夹外圆车刀的安装	183 页	133	外圆槽加工自动编程	217 页
99	内孔车刀的安装	183 页	134	内孔槽加工自动编程	217 页
100	手动输入程序	183 页	135	上表面铣削加工自动编程	218 页
101	程序模拟	184 页	136	外轮廓粗加工自动编程	218 页
102	对刀操作	184 页	137	外轮廓精加工自动编程	218 页
103	自动加工	184 页	138	孔加工自动编程	219 页

模块一
数控车削零件的编程及仿真加工

任务目标

一、任务描述

零件材料为 45 钢,毛坯为 φ40 mm 长棒料。根据给定程序对图 1-1 所示零件进行仿真加工,仿真加工结果如图 1-2 所示。

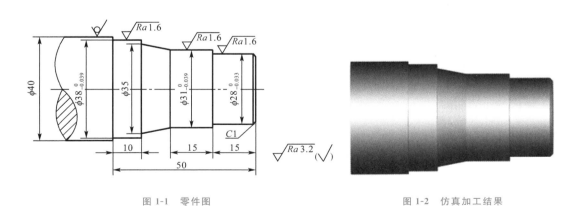

图 1-1　零件图　　　　　　　　　　　　　　图 1-2　仿真加工结果

二、知识目标

1. 认识数控车床。

2. 认识仿真软件,学习工件安装、刀具选择、程序输入和对刀等基本操作。

3. 学习数控车床常用 F、S、T 和 M 代码。

4. 初识 G00 和 G01 代码。

三、技能目标

具有根据给定程序进行零件仿真加工的初步能力。

四、素质目标

1. 正确执行安全技术操作规程，树立安全意识。

2. 培养爱岗敬业、脚踏实地的劳动精神。

相关知识

一、数控机床概述

知识导图

数控机床是指装备了数控装置的机床，也可以定义为利用数控技术，按照事先编好的程序实现动作的机床。

数控机床的种类很多，按照工艺用途分为普通数控机床、加工中心机床和数控特种加工机床三大类。普通数控机床包括数控车床、数控铣床、数控镗床、数控钻床、数控磨床等；加工中心是在普通数控机床上增加刀库和自动换刀装置，包括立式、卧式、万能加工中心等；数控特种加工机床包括数控线切割机床、数控电火花成型机床、数控激光切割机床等。

数控机床具有加工精度高、生产率高、生产柔性大、改善劳动条件等优点，适用于加工多品种小批量零件；结构较复杂，精度要求较高的零件；价格昂贵，不允许报废的关键零件；需要最短生产周期的急需零件。

随着科学技术的发展，当今的数控机床正在不断采用最新技术成果，朝着高速化、高精度、多功能、智能化、自动化、开放式、可靠性最大化等方向发展。

二、认识数控车床

数控车床又称为 CNC 车床，是目前应用较为广泛的数控机床之一。

1 数控车床的分类

数控车床品种繁多、规格不一，有多种分类方式。按主轴的配置形式分为卧式数控车床和立式数控车床。如图 1-3 所示数控车床主轴轴线处于水平位置为卧式数控车床。卧式数控车床主要用于轴类零件和小型盘套类零件的车削加工。主轴轴线垂直的为立式数控车床，立式数控车床用于回转直径较大的盘套类零件的车削加工。

图 1-3　CKA6150 卧式数控车床

2 卧式数控车床结构

CKA6150 卧式数控车床由主轴箱、刀架、进给系统、床身,以及冷却、润滑系统等部分组成。数控车床采用伺服电动机经滚珠丝杠传到刀架,实现 Z 向(纵向)和 X 向(横向)进给运动。

3 卧式数控车床加工范围

CKA6150 卧式数控车床主要用来加工轴类零件的内外圆柱面、圆锥面、螺纹表面、成形面,也可对盘套类零件进行钻孔、扩孔、铰孔和镗孔等加工,还可以完成车端面、车槽、倒角及各种曲线回转体等加工。

三、数控车床仿真加工(以 VNUC 仿真软件为例)

1 启动软件

单击"开始"→"所有程序"→"LegalSoft"→"VNUC 网络版"→完成启动。

微课

准备工作

2 选择机床与数控系统

单击菜单"选项/选择机床和系统"→按照图 1-4 所示选择机床与数控系统→单击"确定"按钮,进入 FANUC 0i Mate-TC 数控系统车床操作界面,如图 1-5 所示。

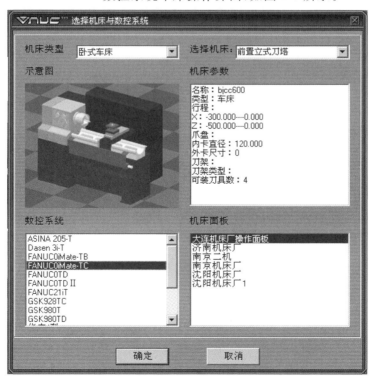

图 1-4　选择机床与数控系统

数控编程及加工技术

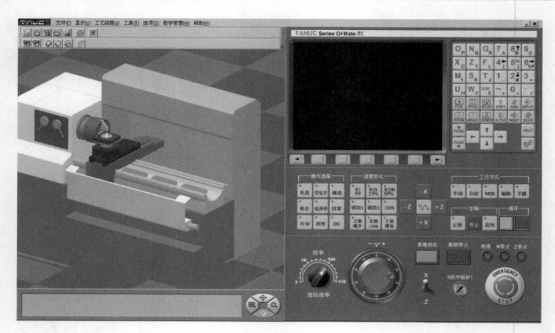

图 1-5 数控车床操作界面

数控车床面板由数控系统面板和操作面板组成,右上方为数控系统面板,其主要按键名称见表 1-1;右下方为数控车床操作面板,其主要按键功能见表 1-2。

表 1-1   **数控系统面板主要按键名称**

图　标	按键名称	图　标	按键名称
软键	软键	O P	地址和数字键
POS	位置显示键	PROG	程序键
OFS/SET	参数输入键	SHIFT	切换键
CAN	取消键	INPUT	输入键
SYSTEM	系统参数键	MESSAGE	信息键
CSTM/GR	图形显示键	ALTER	替换键
INSERT	插入键	DELETE	删除键
PAGE ↑ / PAGE ↓	翻页键	↑ ← → ↓	移动光标键
HELP	帮助键	RESET	复位键

表 1-2　　　　　　　　　　　数控车床操作面板主要按键功能

图　标	按键功能	图　标	按键功能
单段	单段运行	空运行	空运行
跳选	跳选功能	锁住	机床锁住
选择停	选择性停止	回零	回零运行
冷却	冷却功能	照明	照明功能
DNC	远程执行	X1 F0	手摇轮转动一格 滑板移动 0.001 mm
X10 25%	手摇轮转动一格 滑板移动 0.01 mm	X100 50%	手摇轮转动一格 滑板移动 0.1 mm
主轴减少	主轴降速转动	主轴100%	主轴按设定值转动
主轴增加	主轴升速转动	-Z	Z 轴负方向
-X	X 轴负方向	快速移动图标	快速移动
+X	X 轴正方向	+Z	Z 轴正方向
手动	手动运行	自动	自动运行
MDI	MDI 方式	编辑	编辑功能
手摇	手摇运行	正转	主轴正转
停止	主轴停止	反转	主轴反转
循环	循环启动	循环	进给保持
进给倍率	进给倍率	手摇轮	手摇轮
系统启动	系统启动	选择 X/Z 轴	选择 X/Z 轴
系统停止	系统停止	G程序保护1	程序保护
电源	电源指示灯	X-回零	X 轴回零指示灯
Z-回零	Z 轴回零指示灯	紧急停止	紧急停止

③ 激活机床

按 [系统启动] 键→松开 ⊙,激活机床。

④ 回零

按 [回零] 键→按 [+X] 键→ ⊙ X-回零 指示灯亮→按 [+Z] 键→ ⊙ Z-回零 指示灯亮,完成回零操作。

⑤ 设置并安装工件

单击菜单"工艺流程/毛坯"→打开"毛坯零件列表"对话框→单击"新毛坯"→打开"车床毛坯"对话框→按照图1-6所示选择零件的毛坯→单击"确定"按钮→选择新设置的毛坯→单击"安装此毛坯"→单击"确定"按钮,打开"调整车床毛坯"对话框→单击"向右"→调整毛坯至适当位置→单击"夹紧/松开"→单击"关闭",完成工件选择与安装。

图1-6 选择毛坯

⑥ 选择并安装刀具

单击菜单"工艺流程/车刀刀库"→打开"刀库"对话框→按如图1-7所示选择所需刀具(外圆车刀)→单击"完成编辑"→单击"确定"按钮,完成刀具选择与安装。

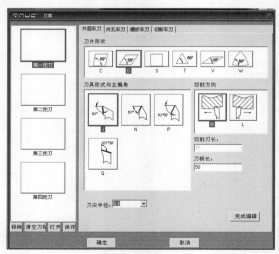

图1-7 选择车刀

7 输入程序

微 课

输入程序

按 [编辑] 键→按 [PROG] 键进入程序界面→输入程序名如"O111"→按 [INSERT]
键→按 [EOB E] 键→按 [INSERT] 键→用鼠标或键盘输入 O111 程序的内容→输入结
束后按 [RESET] 键回到程序起点。

输入、编辑程序常用功能：

（1）换行

按 [EOB E] 键→按 [INSERT] 键。

（2）输入数据

按数字/字母键输入数据，如 M03 S500，数据被输入输入区域。如果输入错误，则用 [CAN]
键删除输入区域内的数据。

（3）移动光标

按 [PAGE↑] 键向上翻页，按 [PAGE↓] 键向下翻页；按 [↑] 或 [↓] 或 [←] 或 [→] 键向上、下、左、右移动
光标。

（4）删除、插入、替代

按 [DELETE] 键删除光标所在位置的代码；按 [INSERT] 键输入区域的内容插入光标所在代码后面；按
[ALTER] 键输入区域的内容替代光标所在位置的代码。

8 建立工件坐标系（试切法对刀）

微 课

试切法对刀

（1）试切削外圆

①按 [手动] 键→按 [+X] 或 [-X] 键→机床沿 X 向移动；同理使机床沿 Z 向
移动至图 1-8 所示的位置；

②按 [MDI] 键→按 [PROG] 键→进入 MDI 界面→输入"M03 S400"→按 [EOB E] 键→按 [INSERT] 键→移

动光标至图 1-9 所示位置→按 [循环] 键→主轴正转；

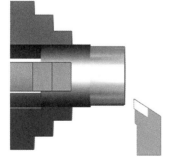

图 1-8 刀具接近工件外圆

图 1-9 主轴启动

③按 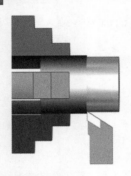 -Z 键→机床沿 Z 轴负向移动，刀具切削工件外圆，如图 1-10 所示；

④按 +Z 键，X 轴坐标保持不变，沿 Z 轴正向退刀，如图 1-11 所示。

图 1-10 沿 Z 轴负向切削外圆　　　　　图 1-11 沿 Z 轴正向退刀

（2）测量试切削直径

①按主轴 停止 键；

②单击菜单"工具/测量"→打开如图 1-12 所示"测量工件"对话框→单击试切削外圆直线段，记下直径值。

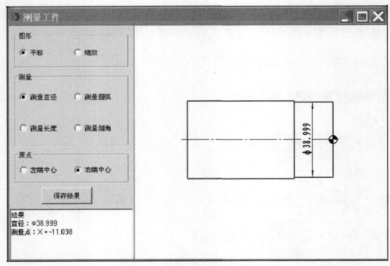

图 1-12 测量直径

（3）设置 X 向补正

①按 offset 键→按【补正】键→按【形状】键 →移动光标至选择的刀具位置，如番号 G01，界面如图 1-13 所示；

②输入 X 直径值（输入 X38.999）→按【测量】键。

（4）试切削端面

①按主轴 正转 键；

②刀具接近工件→按 -X 键，切削工件端面，如图 1-14 所示；

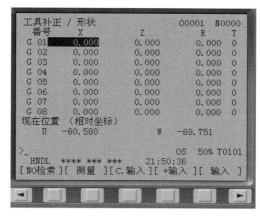

图 1-13　参数输入界面

③按 +X 键,Z 向坐标保持不变,沿 X 轴正向退刀,如图 1-15 所示。

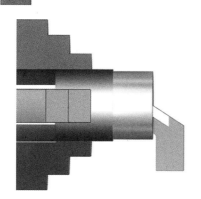

图 1-14　沿 X 轴负向试切削端面

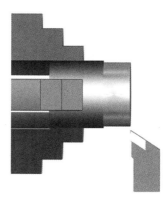

图 1-15　沿 X 轴正向退刀

(5)设置 Z 向补正

①按主轴 停止 键;

②按 OFS/SET 键→按【补正】键→按【形状】键→移动光标至选择的刀具位置,如番号 G01,界面如图 1-13 所示;

③输入 Z0→按【测量】键,完成工件坐标系的建立任务。

微课

自动加工与测量

9 自动加工

按 自动 键→按 循环 键,自动加工零件。

四、编程基础

1 程序结构

一般来说,程序类型有主程序和子程序两种。不论是主程序还是子程序,都可以分为程序号、程序内容和程序结束三部分,如图 1-16 所示。

```
O0001                              程序号
G40 G97 G99 M03 S1000;
T0101;
M08;
G00   Z5.0;
X40.0;
G71 U1.5 R0.5;
G71 P10 Q20 U0.5 W0.05;            程序内容
……
……
G70 P10 Q20;
G00 X100.0;
Z100.0;
M30;                               程序结束
```

图 1-16　程序结构

　　程序按照程序编号地址码存储在数控机床内存中。大多数数控机床可以同时存储多个不同的程序。程序号通常以"O"(或"％")开始,"O"(或"％")后面的数字是程序号,程序号的范围从 01 至 9999;FANUC 系统用字母 O 做程序号地址。

　　程序内容是整个程序的核心,由许多程序段组成,这些程序段控制数控机床要执行的运动。一个程序包含一个或多个程序段,程序段包含一个或一系列的地址字(代码和数字)。常用代码有 G、F、S、M、T、X、Z 等,程序段的长度可以变化,程序段结束要用结束符,如图 1-16 所示。

　　程序结束一般采用 M02 或 M30 指令。

② 代码

　　代码分为模态代码和非模态代码。

　　模态代码表示该代码功能一直保持直到被取消或被同组的另一个代码所代替。非模态代码只在该代码所在的程序段有效。

③ 进给功能(F 功能、F 代码)

　　F 功能表示加工工件时刀具相对于工件的进给速度,F 的单位可以用 G98 和 G99 设定。

　　(1)G98 每分钟进给模式

　　指令格式:G98 F __ ;

　　F 后面的数字表示刀具每分钟进给量,单位为 mm/min,模态指令。

　　(2)G99 每转进给模式

　　指令格式:G99 F __ ;

　　F 后面的数字表示刀具每转进给量,单位为 mm/r,模态指令。

　　例如,G99 F0.25 表示刀具进给量为 0.25 mm/r。

④ 主轴转速功能(S 功能、S 代码)

　　S 功能用于控制主轴转速。

　　指令格式:S __ ;

　　S 后面的数字表示主轴转速,单位为 r/min,模态指令。

　　例如,S1000 表示主轴转速为 1 000 r/min。

　　在具有恒线速度功能的机床上,S 代码还有如下功能:

　　(1)G50 主轴最高转速限制

　　指令格式:G50 S __ ;

S 后面的数字表示主轴最高转速,单位为 r/min。

例如,G50 S3000 表示主轴最高转速限制为 3 000 r/min。

(2)G96 恒线速度控制

指令格式:G96 S___;

S 后面的数字表示的是恒定的线速度,单位为 m/min。

例如,G96 S150 表示切削点线速度控制在 150 m/min。

该功能用于车削端面或直径变化较大的工件。此功能可保证当工件直径变化时,主轴转速随之改变,从而保证切削速度不变,提高加工质量。

(3)G97 恒线速度取消

指令格式:G97 S___;

S 后面的数字表示主轴转速,单位为 r/min。

例如,G97 S3000 表示取消恒线速度控制,主轴转速为 3 000 r/min。

该指令用于车削螺纹或工件直径变化较小的工件。此功能可设定主轴转速并取消恒线速度控制。

⑤ 刀具功能(T 功能、T 代码)

指令格式:T××××;

T 后面的前两位数字表示刀具号,后两位数字表示刀具补偿号,模态指令。

例如,T0303 表示选用 3 号刀具及 3 号刀具补偿值。

⑥ 辅助功能(M 功能、M 代码)

辅助功能控制数控机床的辅助装置。

数控车床常用 M 代码的功能见表 1-3。

表 1-3 数控车床常用 M 代码

代 码	功 能	代 码	功 能
M00	程序暂停	♯ M09	切削液关
M01	程序有条件暂停	M30	程序结束并返回起点
M02	程序结束	♯ M41	低挡
♯ M03	主轴正转	♯ M42	中挡
♯ M04	主轴反转	♯ M43	高挡
♯ M05	主轴停止	M98	子程序调用
♯ M08	切削液开	M99	子程序结束

注:♯为模态代码。

⑦ 准备功能(G 功能、G 代码)

准备功能用来规定刀具和工件的相对运动轨迹(插补功能)、机床坐标系、刀具补偿等多种操作。

G 代码按其功能进行了分组,同一功能组的代码可互相代替,不允许写在同一程序段中。数控车床常用 G 代码的功能见表 1-4。

表 1-4　　　　　　　　　　数控车床常用 G 代码

代码	组别	功　能	代码	组别	功　能
* G00		快速点定位	G70		精加工复合循环
G01	01	直线插补	G71		粗加工复合循环
G02		顺时针圆弧插补	G72		端面粗加工复合循环
G03		逆时针圆弧插补	G73	00	固定形状粗加工复合循环
G04	00	暂停	G74		端面钻孔复合循环
G20	06	英寸输入	G75		外圆切槽复合循环
* G21		毫米输入	G76		螺纹切削复合循环
* G40		取消刀尖圆弧半径补偿	G90		外圆切削循环
G41	07	刀尖圆弧半径左补偿	G92	01	螺纹切削循环
G42		刀尖圆弧半径右补偿	G94		端面切削循环
G50	00	坐标系设定；主轴最高转速限制	G96	02	恒线速度控制
G65		调用宏指令	* G97		取消恒线速度控制
G66	12	宏程序模态调用	G98	05	每分钟进给量
* G67		宏程序模态调用取消	* G99		每转进给量

注：* 为开机后默认状态。

8　坐标系

（1）数控车床坐标系

数控机床采用标准右手直角笛卡儿坐标系，如图 1-17 所示。右手的大拇指、食指和中指保持相互垂直，大拇指的方向为 X 轴的正方向，食指的方向为 Y 轴的正方向，中指的方向为 Z 轴的正方向。

数控车床的 Z 轴为主轴，指向尾座的方向为正。X 轴的方向为工件的径向，且平行于横向滑座，刀具远离主轴中心的方向为 X 轴正方向。如图 1-18 所示为前置刀架数控车床的坐标系与参考点。

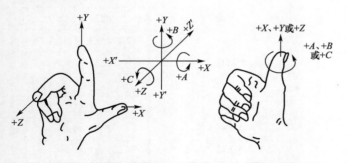

图 1-17　右手直角笛卡儿坐标系

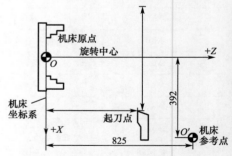

图 1-18　数控车床坐标系与参考点

（2）机床原点与机床参考点

机床原点是指在机床上设置的一个固定点。在数控车床上，机床原点一般设在卡盘端面与主轴中心线的交点 O 处，如图 1-18 所示。

机床参考点的位置是由机床制造厂家在每个进给轴上用限位开关或参数设定的，通常机床参考点是离机床原点最远的极限点（O'），如图 1-18 所示。增量式测量系统的数控机床开机时，必须先确定机床原点，确定机床原点的运动就是回参考点（回零）操作。

（3）工件原点（编程原点）

工件原点（编程原点）是根据加工零件图样及加工工艺要求选定的编程坐标系的原点。工件坐标系（编程坐标系）中各坐标轴的方向与数控机床坐标系相应的坐标轴方向一致。工件坐标系的原点一般设在尺寸基准上，数控车床工件原点一般设在工件右端面的中心，如图 1-19 所示。

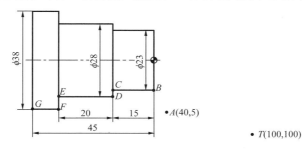

图 1-19　数控车床工件原点

9 编程方法

（1）公制与英制编程

G20 表示使用英制单位量纲编程，G21 表示使用公制单位量纲编程。

（2）绝对坐标方式与增量坐标方式

所有坐标点的坐标值均从编程原点计量的坐标系，称为绝对坐标系。

坐标系中的坐标值是相对前一位置（或起点）来计算的，称为增量（相对）坐标，增量坐标常用 U、W 表示。

（3）直径与半径编程

X 坐标值用回转零件的直径值表示的编程方法称为直径编程。由于图纸上都用直径表示零件的回转尺寸，用这种方法编程比较方便，X 坐标值与零件直径尺寸保持一致，不需要尺寸换算。

X 坐标值用回转零件的半径值表示的编程方法称为半径编程，符合直角坐标系的表示方法，较少采用。

（4）手工与自动编程

加工形状简单的零件时计算比较简单、程序不复杂，一般采取手工编程。加工形状复杂的零件时一般采取自动编程。自动编程是指用计算机及相应编程软件编制数控加工程序。常见软件有 MasterCAM、UG、Pro/E、CAXA 等。

10 刀位点和换刀点

刀位点是表示刀具特征的点，是指刀具的定位基准点，常用车刀的刀位点如图 1-20 所示。每把刀的刀位点在整个加工过程中不能改变。

换刀点是指刀架转位换刀的位置。换刀点应设在工件或夹具的外部，以刀架转位时不碰工件及其他部件为准。

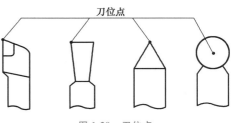

图 1-20　刀位点

任务实施

零件仿真加工的工作过程如下：

启动软件→选择机床与数控系统→激活机床→回零→按照图 1-6 设置工件并安装→按照图 1-7 所示选择刀具并安装→输入 O111 号加工程序→建立工件坐标系→自动加工。

加工程序见表 1-5。

表 1-5　　　　　　　　　　　　　加工程序

程　序		说　明
O111		程序号
N10	G40 G97 G99 M03 S1000;	主轴正转，转速为 1 000 r/min
N30	T0101;	换 01 号 90°外圆车刀
N40	M08;	切削液开
N50	G00 Z5.0;	刀具快速点定位至加工起点
N60	X25.98;	
N70	G01 Z0 F0.1;	直线插补至工件端面，进给量为 0.1 mm/r
N80	X27.98 Z−1.0;	直线插补切削倒角
N90	Z−15.0;	直线插补切削 ϕ28 mm 外圆
N100	X30.98;	直线插补切削端面
N110	Z−30.0;	直线插补切削 ϕ31 mm 外圆
N120	X35.0 Z−40.0;	直线插补切削圆锥面
N130	X37.98;	直线插补切削端面
N140	Z−50.0;	直线插补切削 ϕ38 mm 外圆
N150	X40.0;	直线插补切削端面
N160	G00 X100.0;	快速退刀至换刀点
N170	Z100.0;	
N180	M30;	程序结束并返回起点

任务二　台阶轴零件的编程及仿真加工

任务目标

一、任务描述

如图 1-21 所示为台阶轴零件图。该零件材料为 45 钢，毛坯为 ϕ40 mm 长棒料，使用 CKA6150 数控车床，单件生产，编写加工程序，运用 VNUC 软件进行仿真加工。

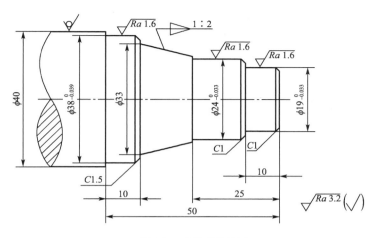

图 1-21 台阶轴零件图

二、知 识 目 标

1.熟悉台阶轴零件的加工工艺。

2.掌握 G00/G01 和 G71/G70 指令及应用。

3.巩固仿真加工基本操作。

三、技 能 目 标

1.具有拟定工艺文件的初步能力。

2.具有使用 G00/G01 和 G71/G70 指令编写台阶轴零件加工程序的能力。

3.具有使用仿真软件验证台阶轴零件加工程序正确性的能力。

四、素 质 目 标

1.培养学生认真负责的工作态度和一丝不苟的工作作风。

2.培养质量意识、守时意识和规范意识。

相关知识

一、加工工艺

① 切削用量的选择

知识导图

选择切削用量的目的是在保证加工质量和刀具耐用度的前提下,使切削时间最短,生产率最高,成本最低。切削用量包括背吃刀量 a_p、进给量 F 和主轴转速 n(切削速度 v)。

背吃刀量主要由机床、夹具、刀具、工件的刚度等因素决定。粗加工时,在条件允许的情况下,尽可能选择较大的背吃刀量,减少走刀次数,提高生产率;精加工时,通常选较小的背吃刀

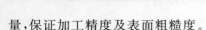
量,保证加工精度及表面粗糙度。

粗加工时,在保证刀具、机床、工件刚度等前提下,选用尽可能大的进给量;精加工时,进给量主要受表面粗糙度的限制,当表面粗糙度要求较高时,应选较小的进给量。

主轴转速要根据允许的切削速度来选择,在保证刀具的耐用度及切削负荷不超过机床额定功率的情况下选定切削速度。粗车时,背吃刀量和进给量均较大,故选较低的切削速度;精车时,选较高的切削速度。

切削速度与主轴转速的关系如下:

$$n = 1\ 000v/\pi d$$

式中　n——主轴转速(r/min);

　　　d——工件直径(mm);

　　　v——切削速度(m/min)。

切削用量的具体数值可参考切削用量手册并结合实际经验而确定,表1-6参考切削用量手册并结合学生实习的特点给出了部分参考值。

表 1-6　　　　　　　　　　　　　切削用量选择参考表

毛坯材料及尺寸	加工内容	背吃刀量 a_p/mm	主轴转速 n /(r·min^{-1})	进给量 F/(mm·r^{-1})	刀具材料
45钢 外径 $\phi20\sim\phi60$ mm	粗加工	1～2.5	400～800	0.15～0.3	硬质合金
	精加工	0.25～0.5	800～1 500	0.05～0.1	
	切槽、切断 (刀宽3～5 mm)		300～500	0.05～0.1	
	车螺纹		400～800	螺距/导程	
45钢 内径 $\phi13\sim\phi20$ mm	钻中心孔 钻孔(断屑)		1 200～1 500 350～500	0.05 0.05以下	高速钢
	车螺纹		400～600	螺距/导程	硬质合金

② 车削加工刀具

常用的车刀有切槽刀[图1-22(a)]、90°外圆车刀[图1-22(b)]、螺纹车刀[图1-22(c)]、中心钻[图1-22(d)]、麻花钻[图1-22(e)]和内孔车刀[图1-22(f)]等。

外圆车刀用于切削圆柱面、圆锥面和端面;切槽刀用于切槽;螺纹车刀用于切削公制螺纹;中心钻用于钻中心孔;麻花钻用于孔的粗加工;内孔车刀用于加工内孔表面。数控车刀按照刀具材料可以分为高速钢刀、硬质合金刀等。

③ 数控加工工艺文件

数控加工工艺文件主要包括数控加工刀具卡、数控加工工序卡、零件加工程序单等。

数控加工刀具卡主要包括刀具号、刀具名称、数量、加工表面等内容。数控加工工序卡主要包括工步号、工步内容、各工步使用的刀具和切削用量等内容。

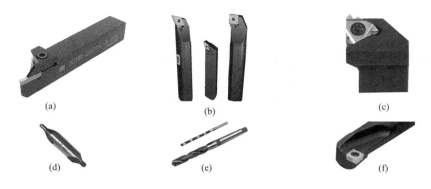

图 1-22 车削加工常用刀具

4 台阶轴的车削方式

相邻两圆柱体直径差较小时可用车刀一次车出，如图 1-23(a)所示，加工路线为 $A \rightarrow B \rightarrow C \rightarrow D \rightarrow E$。

相邻两圆柱体直径差较大时采用分层切削，如图 1-23(b)所示，粗加工路线为 $A_1 \rightarrow B_1$、$A_2 \rightarrow B_2$、$A_3 \rightarrow B_3$，精加工路线为 $A \rightarrow B \rightarrow C \rightarrow D \rightarrow E$。

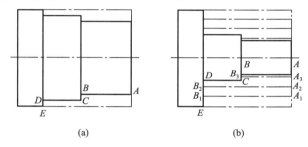

图 1-23 台阶轴车削方式

二、编程基础

本教材编程指令以 FANUC 系统为例，工件坐标系设在工件右端面中心。

1 G00——快速点定位指令

(1)功能

刀具以点位控制方式从刀具所在位置快速移动到目标点。

(2)指令格式

G00 X(U)__ Z(W)__ ;

其中，$X(U)$、$Z(W)$ 为目标点坐标值。

注意：

● 执行该指令时，刀具以生产厂家预先设定的速度从所在点移动到目标点，移动速度不能由 F 指令设定。

● G00 为模态指令，只有遇到同组指令(G01、G02、G03)时才会被替代。

● X、Z 后面数值是绝对坐标值，U、W 后面数值是增量坐标值。

● 使用 G00 指令时刀具的实际运动路线并不一定是直线，因机床的数控系统而异。要注意刀具不要与工件或夹具发生干涉，对不适合联动的场合，每轴可单动。

● G00 的实际速度可以用机床面板上的倍率开关调节。

【例 1-1】 零件如图 1-19 所示,编写从起点 T 快速移动到目标点 A 和从起点 G 快速移动到目标点 T 的程序段。

$T→A$ 绝对值编程程序段:G00 X40.0 Z5.0;

$T→A$ 增量值编程程序段:G00 U—60.0 W—95.0;

$G→T$ 绝对值编程程序段:G00 X100.0 Z100.0;

$G→T$ 增量值编程程序段:G00 U62.0 W145.0;

2 G01——直线插补指令

(1)功能

该指令使刀具以给定的进给速度,从所在点出发,直线移动到目标点。

(2)指令格式

G01 X(U)__ Z(W)__ F __;

其中,$X(U)$、$Z(W)$为目标点坐标;F 为进给速度。

微课

G00与G01指令

注意:

● G01 指令进给速度由 F 决定。

● 如果在 G01 程序段之前没有 F 指令,当前 G01 程序段中也没有 F 指令,则刀具不移动。

【例 1-2】 编写图 1-19 所示零件的精加工程序。

图 1-19 所示零件的精加工程序,见表 1-7。

表 1-7 精加工程序

程 序	说 明
O0001;	程序号
G40 G97 G99 M03 S1000;	主轴正转,转速为 1 000 r/min
T0101;	换 01 号 90°外圆车刀
M08;	切削液开
G00 X40.0;	刀具快速定位至加工起点 A
Z5.0;	
X0;	刀具快速定位 X0
G01 Z0 F0.1;	直线插补至工件端面,进给量为 0.1 mm/r
X23.0;	直线插补切削端面至 B 点
Z—15.0;	直线插补切削 ϕ23 mm 外圆至 C 点
X28.0;	直线插补切削端面至 D 点
W—20.0;	增量编程,直线插补切削 ϕ28 mm 外圆至 E 点
X38.0;	直线插补切削端面至 F 点
Z—45.0;	直线插补切削 ϕ38 mm 外圆至 G 点
G00 X100.0;	快速退刀至换刀点 T
Z100.0;	
M30;	程序结束并返回起点

(3)G01 拓展功能

①功能

在相邻轨迹线之间自动插补倒直角或倒圆角,如图 1-24 所示。注意数控车床一般具有此功能,部分仿真软件没有此功能。

②指令格式

倒圆角格式:G01 X(U)__ R__ F__;

倒直角格式:G01 X(U)__ C__ F__;

其中　X(U)——相邻直线的交点坐标(如图1-24中D点);

　　　　R——倒圆角的圆弧半径;

　　　　C——D点相对倒角起点B的距离。

注意:R、C为非模态代码。

【例1-3】　利用倒直角和倒圆角功能编写如图1-25所示零件的精加工程序。

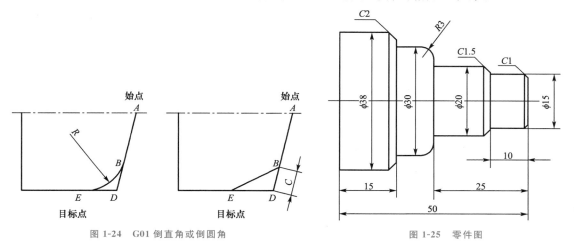

图1-24　G01倒直角或倒圆角　　　　　　图1-25　零件图

精加工程序见表1-8。

表1-8　　　　　　　　　　　　　　精加工程序

程　序	说　明
O0006	程序号
G40 G97 G99 M03 S1000;	主轴正转,转速为1 000 r/min
T0101;	换01号90°外圆车刀
M08;	切削液开
G00 Z5.0;	刀具快速点定位至加工起点
X0;	
G01 Z0 F0.1;	直线插补至工件端面,进给量为0.1 mm/r
X15.0 C1.0;	直线插补切削C1倒角
Z−10.0;	直线插补切削ϕ15 mm外圆,至Z负向长度10 mm
X20.0 C1.5;	直线插补切削C1.5倒角
Z−25.0;	直线插补切削ϕ20 mm外圆,至Z负向长度25 mm
X30.0 R3.0;	直线插补切削R3倒圆角
Z−35.0;	直线插补切削ϕ30 mm外圆,至Z负向长度35 mm
X38.0 C2.0;	直线插补切削C2倒角
Z−50.0;	直线插补切削ϕ38 mm外圆,至Z负向长度50 mm
X40.0;	直线插补切削端面
G00 X100.0;	快速退刀至换刀
Z100.0;	
M30;	程序结束并返回起点

3 **G71——粗加工复合循环指令**

（1）功能

该指令只需指定粗加工背吃刀量、精加工余量和精加工路线，系统便可自动给出粗加工路线和加工次数，完成内、外圆表面的粗加工。如图 1-26 所示为 G71 指令循环路线。其中 A 为刀具循环起点，执行粗加工复合循环时，刀具从 A 点移动到 C 点，粗车循环结束后，刀具返回到 A 点。

（2）指令格式

G71 U(Δd) R(e)；

G71 P(ns) Q(nf) U(Δu) W(Δw)；

其中　Δd——每次的背吃刀量，用半径值指定；一般 45 钢件取 1～2 mm，铝件取 1.5～3 mm；

　　　e——每次 X 向退刀量，用半径值指定；一般取 0.5～1 mm；

　　　ns——精加工轮廓程序段中的开始程序段号；

　　　nf——精加工轮廓程序段中的结束程序段号；

　　　Δu——X 向精加工余量，一般取 0.5 mm，加工内轮廓时为负值；

　　　Δw——Z 向精加工余量，一般取 0.05～0.1 mm。

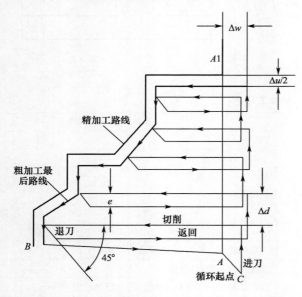

微课

G71粗加工复合
循环指令

图 1-26　G71 指令循环路线

注意：

● 使用 G71 粗加工时，包含在 ns～nf 程序段中的 F、S 指令对粗车循环无效。

● 顺序号为 ns～nf 的程序段中不能调用子程序。

● 零件轮廓必须符合 X 轴、Z 轴方向同时单调增大或单调减小。

● 精加工路线第一句必须用 G00 或 G01 沿 X 轴方向进刀。

G71 指令多用于棒料毛坯的粗加工。

【例1-4】 运用G71粗加工复合循环指令,编写图1-27所示零件的粗加工程序。

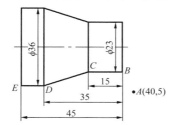

图1-27 圆锥面零件图

粗加工程序见表1-9。

表1-9 精加工程序

程 序	说 明
O0001;	程序号
G40 G97 G99 M03 S800;	主轴正转,转速为800 r/min
T0101;	换01号90°外圆车刀
M08;	切削液开
G00 X40.0;	刀具快速定位至加工起点A
Z5.0;	
G71 U1.5 R0.5;	定义粗车循环,切削深度为1.5 mm,退刀量为0.5 mm
G71 P10 Q20 U0.5 W0.05;	精车路线由N10~N20制定,X向精车余量为0.5 mm,Z向精车余量为0.05 mm
N10 G00 X0;	刀具快速定位X0
G01 Z0 F0.1;	直线插补至工件端面,进给量为0.1 mm/r
X23.0;	直线插补切削端面至B点
Z−15.0;	直线插补切削φ23 mm外圆至C点
X36.0 Z−35.0;	直线插补切削锥面至D点
N20 Z−45.0;	直线插补切削φ36 mm外圆至E点
G00 X100.0;	快速退刀至换刀点T
Z100.0;	
M30;	程序结束并返回起点

④ G70——精加工复合循环指令

（1）功能

去除精加工余量。

（2）指令格式

G70 P(ns) Q(nf);

注意:

微课

G71与G70指令

● 在ns~nf之间的程序段中的F、S指令有效。

● G70切削后刀具回到G71的循环起点。

G70指令用于精加工,切除G71指令粗加工后留下的加工余量。

【例 1-5】 运用 G70 精加工复合循环指令,编写图 1-27 所示零件的精加工程序。

圆锥面零件精加工程序见表 1-10。

表 1-10　　　　　　　　　　　　　　　　圆锥面零件精加工程序

程序	说明
O0002;	程序号
G40 G97 G99 M03 S1200;	主轴正转,转速为 1 200 r/min
T0101;	换 01 号 90°外圆车刀
M08;	切削液开
G00 X40.0;	刀具快速定位至加工起点 A
Z5.0;	
G70 P10 Q20;	定义精车循环
G00 X100.0;	快速退刀至换刀点 T
Z100.0;	
M30;	程序结束并返回起点

三、仿真加工

试切法对刀步骤:试切削外圆→测量试切削直径→设置 X 向补正→试切削端面→设置 Z 向补正。

任务实施

一、图样分析

如图 1-21 所示,零件加工表面有 $\phi 19_{-0.033}^{0}$ mm、$\phi 24_{-0.033}^{0}$ mm、$\phi 38_{-0.039}^{0}$ mm 外圆柱面和 1:2 圆锥面及倒角等,表面粗糙度分别为 Ra 1.6 μm 和 Ra 3.2 μm。

二、加工工艺方案制定

1 加工方案

(1)采用三爪卡盘装卡,零件伸出卡盘 60 mm 左右。

(2)加工零件外轮廓至尺寸要求。

2 刀具选用

T01 选 90°硬质合金外圆车刀。

粗加工时刀尖角一般选 80°,精加工时刀尖角一般选 55°,本任务粗、精加工选用一把刀具,因此选用 55°刀尖角的 90°外圆车刀。仿真加工刀具如图 1-7 所示,实际加工刀具如图 1-22(b)所示。数控加工刀具卡见表 1-11。

表 1-11　　　　　　　　　　　　　　台阶轴零件数控加工刀具卡

零件名称		台阶轴零件		零件图号		1-21	
序号	刀具号	刀具名称	数量	加工表面	刀尖半径 R/mm	刀尖方位 T	备注
1	T01	90°外圆车刀	1	粗、精车外轮廓	0.4	3	
编制		审核		批准		日期		共 1 页	第 1 页

3 加工工序

台阶轴零件数控加工工序卡见表 1-12。

表 1-12　　　　　　　　　　　　　台阶轴零件数控加工工序卡

单位名称				零件名称	零件图号
				台阶轴零件	1-21
程序号	夹具名称		使用设备	数控系统	场地
O121	三爪卡盘		CKA6150	FANUC 0i-Mate	数控实训中心
工步号	工步内容		刀具号	主轴转速 n/(r · min^{-1})	进给量 F/(mm · r^{-1})	背吃刀量 a_p/mm	备注
1	装卡零件并找正						手动
2	对刀		T01				
3	粗车外轮廓,留余量 1 mm		T01	600	0.2	1.5	O121
4	精车外轮廓		T01	1 000	0.1	0.5	
编制		审核	批准	日期		共 1 页	第 1 页

三、编制加工程序

1 尺寸计算

单件小批量生产,精加工零件轮廓尺寸一般取极限尺寸的平均值。

编程尺寸＝基本尺寸＋(上偏差＋下偏差)/2

$\phi 38_{-0.039}^{0}$ mm 外圆的编程尺寸＝38＋(0－0.039)/2＝37.980 5　取 37.98

$\phi 24_{-0.033}^{0}$ mm 外圆的编程尺寸＝24＋(0－0.033)/2＝23.983 5　取 23.98

$\phi 19_{-0.033}^{0}$ mm 外圆的编程尺寸＝19＋(0－0.033)/2＝18.983 5　取 18.98

锥度计算公式为

$$C = \frac{D - d}{L}$$

式中　C——锥度;

　　　D——圆锥最大直径;

　　　d——圆锥最小直径;

　　　L——圆锥长度。

本任务中,$C=1:2=0.5$,$D=33$,$L=15$,根据锥度计算公式,求得圆锥最小直径 $d=25.5$。

2 加工程序

台阶轴零件加工程序见表 1-13。

表 1-13 　　　　　　　　　　　台阶轴零件加工程序

程　序	说　明
O121	程序号
G40 G97 G99 M03 S600 F0.2;	主轴正转,转速为 600 r/min,进给量为 0.2 mm/r
T0101;	换 01 号 90°外圆车刀
M08;	切削液开
G00 Z5.0;	刀具快速点定位至粗加工复合循环起点
X40.0;	
G71 U1.5 R0.5;	定义粗车循环,切削深度为 1.5 mm,退刀量为 0.5 mm
G71 P10 Q20 U0.5 W0.05;	精车路线由 N10~N20 指定,X 向精车余量为 0.5 mm,Z 向精车余量为 0.05 mm
N10 G00 X0;	
G01 Z0 F0.1;	
X17.0;	
X18.98 Z−1.0;	
Z−10.0;	
X22.0;	
X23.98 W−1.0;	精车轮廓
Z−25.0;	
X25.5;	
X33.0 Z−40.0;	
X35.0;	
X37.98 W−1.5;	
N20 Z−50.0;	
G00 X100.0;	快速退刀至换刀点
Z100.0;	
M05;	主轴停止
M00;	程序暂停
M03 S1000;	主轴正转,转速为 1 000 r/min
G00 Z5.0;	刀具快速点定位至粗加工复合循环起点
X40.0;	
G70 P10 Q20;	精加工复合循环
G00 X100.0;	快速退刀至换刀点
Z100.0;	
M30;	程序结束并返回起点

四、仿真加工

仿真加工的工作过程如下:

启动软件→选择机床与数控系统→激活机床→回零→按照图 1-6 所示设置工件并安装→按照图 1-7 所示选择刀具并安装→输入 O121 号加工程序→试切法对刀→自动加工→测量尺寸。

台阶轴零件仿真加工结果如图 1-28 所示。

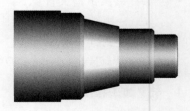

图 1-28 　台阶轴零件仿真加工结果

任务三 简单成型面零件的编程及仿真加工

任务目标

一、任务描述

如图 1-29 所示为简单成型面零件图,该零件材料为 45 钢,毛坯为 $\phi40$ mm 长棒料,使用 CKA6150 数控车床,单件生产,编写加工程序,运用 VNUC 软件进行仿真加工。

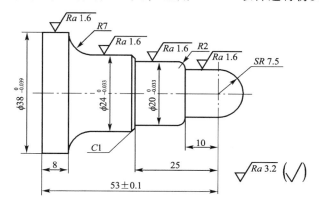

图 1-29 简单成型面零件图

二、知识要求

1.熟悉成型面零件加工工艺。

2.掌握 G02/G03 和 G41/G42/G40 指令及应用。

3.学习仿真加工中切断刀选择及对刀。

三、技能目标

1.具有轴类零件图的识读能力。

2.具有使用 G02/G03 和 G42/G40 指令编写简单成型面零件加工程序的能力。

3.具有使用仿真软件验证简单成型面零件加工程序正确性的能力。

四、素质目标

1.树立安全意识、质量意识和效率意识。

2.培养积极向上、认真负责的劳动精神。

■ **相关知识**

一、加工工艺

圆弧加工刀具

位于端面的半圆弧可以采用 90°外圆车刀[图 1-22(b)]加工。位于端面的凹圆弧常用刀尖角 35°的 90°车刀[图 1-30(a)]、尖形车刀[图 1-30(b)]或圆弧形车刀[图 1-30(c)]加工。加工圆弧半径较小的零件时,一般选用成型圆弧车刀[图 1-30(d)],刀具的圆弧半径等于工件圆弧半径,使用 G01 直线插补指令用直进法加工圆弧。

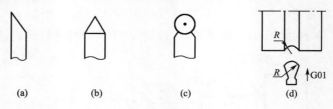

(a)　　　　(b)　　　　(c)　　　　(d)

图 1-30　圆弧加工刀具

二、编程基础

1 G02 / G03——圆弧插补指令

微课

G02/G03圆弧
插补指令

(1)功能

G02 为顺时针方向圆弧插补,G03 为逆时针方向圆弧插补。

(2)指令格式

格式 1:用圆弧半径 R 指定圆心位置

G02/ G03 X(U)__ Z(W)__ R __ F __;

格式 2:用 I、K 指定圆心位置

G02/ G03 X(U)__ Z(W)__ I__ K __ F __;

其中　X、Z——圆弧终点的绝对坐标;

　　　U、W——圆弧终点相对于圆弧起点的增量坐标;

　　　R——圆弧半径,圆心角为 0～180°取正值,大于 180°取负值;

　　　I、K——圆心相对于圆弧起点的增量值。

注意:

● 圆弧顺逆方向的判定

对于圆弧的顺逆方向的判断按右手迪卡儿坐标系确定:沿圆弧所在平面(XOZ 平面)的垂直坐标轴的负方向($-Y$)看,顺时针方向为 G02,逆时针方向为 G03,如图 1-31 所示。

● I、K 值

不论是用绝对尺寸编程还是用增量尺寸编程,I、K 都是圆心相对于圆弧起点的增量值,直径编程时 I 值为圆心相对于圆弧起点的增量值的 2 倍,如图 1-32 所示。当 I、K 与坐标轴方向相反时,I、K 为负值;当 I、K 为零时可以省略;I、K 和 R 同时指定的程序段,R 优先,I、K 无效。

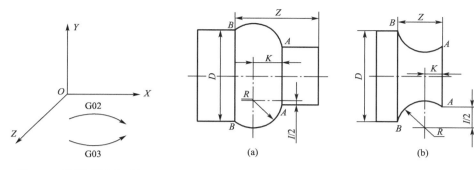

图 1-31　圆弧顺逆方向判定　　　　　图 1-32　圆弧顺逆与 I、K 值

【例 1-6】　零件如图 1-33 所示,利用圆弧插补指令编写圆弧 AB 部分精加工程序段。

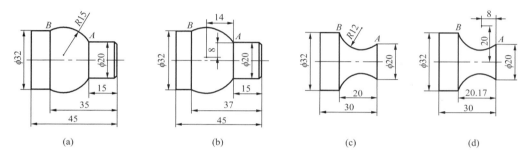

图 1-33　圆弧插补指令举例

图 1-33(a),AB 段圆弧:G03 X32.0 Z-35.0 R15.0;

图 1-33(b),AB 段圆弧:G03 X32.0 Z-37.0 I-16.0 K-14.0;

图 1-33(c),AB 段圆弧:G02 X32.0 Z-20.0 R12.0;

图 1-33(d),AB 段圆弧:G02 X32.0 Z-20.17 I20.0 K-8.0;

2　刀具的几何形状、磨损补偿

(1)意义

编程时,一般以一把刀具为基准,并以该刀具的刀尖位置 A 为依据来建立工件坐标系。当其他刀具转到加工位置时,刀尖的位置 B 就会有偏差,原来设定的工件坐标系对这些刀具就不适用了。此外,刀具在加工过程中都有不同程度的磨损,刀尖位置也会发生变化,因此需要对刀具的几何形状、磨损进行补偿。

(2)指令格式

T××××。

(3)执行

刀具的几何形状、磨损补偿功能由程序中指定的 T 代码来实现。T 代码由地址字符 T 后面跟 4 位数字组成,其中前两位为刀具号,后两位为刀具补偿号。刀具补偿号实际上是刀具补偿寄存器的地址号,寄存器中存储偏置量。

3　G41/G42/G40——刀尖圆弧半径补偿指令

(1)假想刀尖与刀尖圆弧半径

理想状态下尖形车刀的刀位点是尖点,如图 1-34 中的 A 点,该点即假想刀尖,对刀时也是

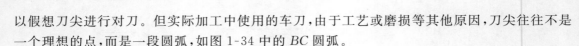

以假想刀尖进行对刀。但实际加工中使用的车刀,由于工艺或磨损等其他原因,刀尖往往不是一个理想的点,而是一段圆弧,如图 1-34 中的 BC 圆弧。

(2)加工误差分析

如图 1-35 所示,车外圆、端面时,刀具实际切削刃的路线与工件轮廓一致,不产生误差。车削锥面时,工件轮廓为实线,实际车出形状为虚线,产生欠切误差 δ。若工件精度要求不高或留有精加工余量,可忽略此误差;否则应考虑刀尖圆弧半径对工件形状的影响。

 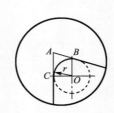

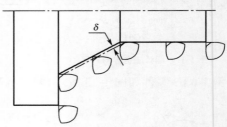

图 1-34　假想刀尖　　　　　　　　　　　　图 1-35　车圆锥产生的误差

切削圆弧时,由于刀尖圆弧半径的存在而产生过切削或欠切削的现象,如图 1-36 所示。

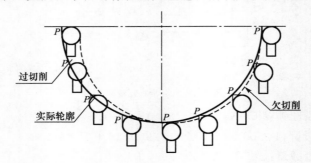

图 1-36　车圆弧产生的误差

具有刀尖圆弧半径补偿功能的数控系统可以防止这种现象的产生,在编制零件加工程序时,以假想刀尖位置,按零件轮廓编程,使用刀尖圆弧半径补偿指令 G41/G42,由系统自动计算补偿值,生成刀具路线,完成对工件的合理加工。

(3)功能

G40 为取消刀尖圆弧半径补偿指令,G41 为刀尖圆弧半径左补偿指令,G42 为刀尖圆弧半径右补偿指令。

(4)指令格式

G41/G42/G40　G01/G00　X(U)__ Z(W)__ F__;

其中　X(U)、Z(W)——建立或取消刀尖圆弧半径补偿段的终点坐标;

　　　F——指定 G01 的进给速度。

注意:

● G41、G42、G40 指令与 G01 或 G00 指令可在同程序段出现,通过直线运动建立或取消刀补。

● 在 G41、G42、G40 所在程序段中,X 或 Z 至少有一个值变化,否则发生报警。

● G41、G42 不能同时使用,即在程序中,前面程序段有了 G41 就不能继续使用 G42,必须先用 G40 指令解除 G41 刀补状态后,才可使用 G42 刀补指令。

● 在调用新的刀具前,必须取消刀尖圆弧半径补偿,否则发生报警。

（5）G41 与 G42 选择

沿着刀具运动方向看,若工件在刀具的左边称左补偿,使用 G41 刀尖圆弧半径左补偿指令;若工件在刀具的右边称右补偿,使用 G42 刀尖圆弧半径右补偿指令,如图 1-37 所示。

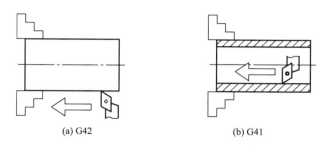

(a) G42　　　　　　　(b) G41

图 1-37　G41 与 G42 选择

（6）刀尖圆弧半径补偿参数及设置

①刀尖圆弧半径

刀尖圆弧半径补偿后,刀具自动偏离工件轮廓一个刀尖半径。因此,必须将刀尖圆弧半径值输入系统的存储器中,具体操作方法见仿真加工。

②车刀形状和位置

执行刀具补偿时,刀尖圆弧所处的位置不同,刀具自动偏离工件轮廓的方向也不同。因此,要把代表车刀形状和位置的参数输入到存储器中,具体操作方法见仿真加工。车刀形状和位置参数称为刀尖方位 T,如图 1-38 所示,共有 9 种,分别用参数 1～9/0 表示,P 为理论刀尖点。比如,前置刀架的数控车床外圆右偏刀 $T=3$,镗孔右偏刀 $T=2$。

【例 1-7】　编写如图 1-39 所示零件刀尖圆弧半径补偿部分程序。

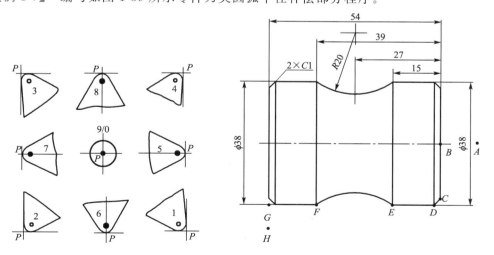

图 1-38　刀尖方位　　　　　　　　图 1-39　刀尖圆弧半径补偿例题

刀补过程分为三步:加工前建立刀补,图示 $A \rightarrow B$ 段;加工时执行刀补,图示 $B \rightarrow G$ 段;加工完成后取消刀补,图示 $G \rightarrow H$ 段。

刀尖圆弧半径补偿部分程序见表 1-14。

表 1-14　　刀尖圆弧半径补偿部分程序

程　序	说　明
G00　Z5.0； X0；	刀具快速点定位至 *A* 点
G42　G01　X0　Z0；	直线插补至 *B* 点,建立刀尖圆弧半径右补偿(*A*→*B*)
X36.0；	直线插补切削端面至 *C* 点
……；	……
G01　　Z－54.0；	直线插补切削 ϕ38 mm 圆柱面至 *G* 点
G40　X41.0；	切削端面并取消刀尖圆弧半径补偿(*G*→*H*)

三、仿真加工

1 切槽刀的选择

选择切槽刀如图 1-40 所示。

2 切槽刀的对刀

(1)刀具转到加工工位

刀具转到加工工位前必须远离工件表面,防止撞刀。刀具转到加工工位的方法如下:

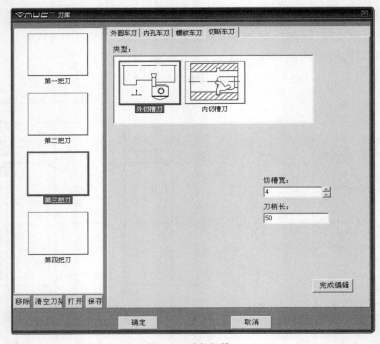

图 1-40　选择切槽刀

按 MDI 键→按 PROG 键→输入刀具号如"T0303"→按 EOB E 键→按 INSERT 键→移动光标至

图 1-41 位置→按 循环 键→刀具转到加工工位。

（2）切槽刀的对刀步骤

①利用 调整刀具接近工件外圆至图 1-42 位置，步骤如下：

图 1-41 MDI 换刀

图 1-42 刀具接近工件外圆

- 按 手摇 键；

- 按 键，选择坐标轴 X 或 Z；

- 按 X100 50% 键选择手摇轮进给速度；

- 移动鼠标至手摇轮，单击鼠标左键，手摇轮逆时针旋转，相应坐标轴向负方向移动；单击鼠标右键，手摇轮顺时针旋转，相应坐标轴向正方向移动，调整刀具至图 1-42 所示位置。

②试切削外圆

- 按 MDI 键→按 PROG 键→输入"M03 S500;"→按 循环 键→主轴正转；

- 按 手摇 键→按 键→选择 X10 25% 键→移动鼠标至手摇轮→单击鼠标左键→机床沿 X 轴负方向移动，刀具试切削工件外圆；

- 按 键→移动鼠标至手摇轮→单击鼠标右键→机床沿 Z 轴正向退刀。

③测量试切削直径

按 停止 键→单击菜单"工具/测量"→打开"测量工件"对话框→单击试切削外圆直线段，记下直径值。

④设置 X 向补正

按 OFS/SET 键→按【补正】键→按【形状】键 →移动光标至选择的刀具位置，如番号 G03→输入

X 直径值→按【测量】键。

⑤试切削端面

按 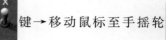 键→刀具移至图 1-43 位置→按 键→移动鼠标至手摇轮 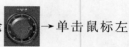→单击鼠标左

键,试切削工件端面至出现铁屑→按 键→移动鼠标至手摇轮 →单击鼠标右键,沿 *X*

轴正向退刀。

⑥设置 *Z* 向补正

按 键→按 键→按【补正】键→按【形状】键 →移动光标至选择的刀具位置,如番号 G03→输入 Z0→按【测量】键。

3　输入刀具补偿参数 R 和 T

按 键→按【补正】键→按【形状】键 →进入刀具补偿参数界面。

光标移至刀具 R 位置→输入刀尖圆弧半径(如 T0101 取值 0.8,T0202 取值 0.2)→按【输入】键;光标移至刀具 T 位置→输入刀具方位号(如 3)→按【输入】键,如图 1-44 所示,完成刀具补偿参数的输入。

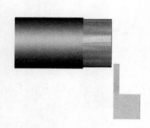

图 1-43　刀具接近工件端面

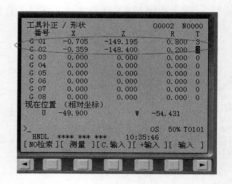

图 1-44　刀具补偿参数界面

任务实施

一、图样分析

简单成型面零件图如图 1-29 所示。零件加工表面有 $\phi15$ mm、$\phi20_{-0.033}^{0}$ mm、$\phi24_{-0.033}^{0}$ mm、$\phi38_{-0.039}^{0}$ mm 外圆柱面和 $SR7.5$ 球头、$R2$ 凸弧、$R7$ 凹弧及倒角等,表面粗糙度分别为 $Ra\,1.6\,\mu m$ 和 $Ra\,3.2\,\mu m$。相对于任务二增加了圆弧表面的编程和工件切断编程及仿真加工。

二、加工工艺方案制定

1 加工方案

(1)采用三爪卡盘装卡,零件伸出卡盘 60 mm 左右。

(2)加工零件外轮廓至尺寸要求。

(3)切断工件。

2 刀具选用

T01 选 90°硬质合金外圆车刀(刀尖角 55°);T03 选切槽刀,仿真加工刀具如图 1-40 所示,实际加工刀具如图 1-22(a)所示。简单成型面零件数控加工刀具卡见表 1-15。

表 1-15　　　　　　　　　　简单成型面零件数控加工刀具卡

零件名称	简单成型面零件			零件图号			1-29
序号	刀具号	刀具名称	数量	加工表面	刀尖半径 R/mm	刀尖方位 T	备注
1	T01	90°外圆车刀	1	粗、精车外轮廓	0.4	3	
2	T03	4 mm 切槽刀	1	切断			
编制		审核		批准		日期	共 1 页　第 1 页

3 加工工序

简单成型面零件数控加工工序卡见表 1-16。

表 1-16　　　　　　　　　　简单成型面零件数控加工工序卡

单位名称				零件名称		零件图号	
				简单成型面零件		1-29	
程序号	夹具名称		使用设备	数控系统		场地	
O131	三爪卡盘		CKA6150	FANUC 0i-Mate		数控实训中心	
工步号	工步内容		刀具号	主轴转速 n/(r · min^{-1})	进给量 F/(mm · r^{-1})	背吃刀量 a_p/mm	备注
1	装夹零件并找正						
2	对外圆车刀		T01				手动
3	对切槽刀		T03				
4	粗车外轮廓,留余量 1 mm		T01	600	0.2	1.5	
5	精车外轮廓		T01	1 000	0.1	0.5	O131
6	切断		T03	400	0.05	4	
编制		审核		批准	日期	共 1 页	第 1 页

三、编制加工程序

1 尺寸计算

$\phi 38_{-0.039}^{0}$ mm 外圆的编程尺寸＝38＋(0－0.039)/2＝37.9805，取 37.98。同理计算其他尺寸。

2 加工程序

简单成型面零件加工程序见表 1-17。

表 1-17　　　　　简单成型面零件加工程序

程　序	说　明
O131	程序号
G40 G97 G99 M03 S600 F0.2;	主轴正转，转速为 600 r/min，进给量为 0.2 mm/r
T0101;	换 01 号 90°外圆车刀
M08;	切削液开
G00 Z5.0;	刀具快速点定位至粗加工复合循环起点
X40.0;	
G71 U1.5 R0.5;	定义粗车循环，切削深度为 1.5 mm，退刀量为 0.5 mm
G71 P10 Q20 U0.5 W0.05;	精车路线由 N10～N20 指定，X 向精车余量为 0.5 mm，Z 向精车余量为 0.05 mm
N10 G00 X0;	精车轮廓
G01 Z0 F0.1;	
G03 X15.0 Z－7.5 R7.5;	
G01 Z－17.5;	
X15.98;	
G03 X19.98 Z－19.5 R2.0;	
G01 Z－32.5;	
X22.0;	
X23.98 W－1.0;	
Z－45.5;	
G02 X37.98 Z－52.5 R7.0;	
N20 G01 Z－64.5;	
G00 X100.0;	快速退刀至换刀点
Z100.0;	
M05;	主轴停止
M00;	程序暂停
M03 S1000;	主轴正转，转速为 1 000 r/min
G42 G00 Z5.0;	刀具快速点定位至粗加工复合循环起点，建立刀尖圆弧半径右补偿
X40.0;	
G70 P10 Q20;	精加工复合循环
G40 G00 X100.0;	快速退刀至换刀点，取消刀尖圆弧半径补偿
Z100.0;	
T0303;	换 03 号切槽刀

续表

程　序	说　明
M03 S400;	主轴正转,转速为 400 r/min
G00 Z−64.5;	刀具快速点定位至切断处
X41.0;	
G01 X−1.0 F0.05;	切断工件,注意仿真时输入 X1.0,否则无法测量
G00 X100.0;	快速退刀至换刀点
Z100.0;	
M30;	程序结束并返回起点

四、仿真加工

仿真加工的工作过程如下:

启动软件→选择机床→回零→设置工件并安装→装刀(T01、T03)→输入 O131 号加工程序→对刀(T0101、T0303,输入 R、T 值)→自动加工→测量尺寸。

简单成型面零件仿真加工结果如图 1-45 所示。

图 1-45　简单成型面零件仿真加工结果

任务四　螺纹零件的编程及仿真加工

任务目标

一、任务描述

如图 1-46 所示为螺纹零件图,该零件材料为 45 钢,毛坯为 $\phi40$mm 长棒料,使用 CKA6150 数控车床,单件生产,编写加工程序,运用 VNUC 软件进行仿真加工。

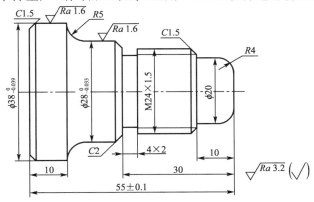

图 1-46　螺纹零件图

二、知识要求

1. 熟悉螺纹零件加工工艺。
2. 掌握 G04、G92 和 G76 指令及应用。
3. 学习仿真加工中螺纹车刀选择、对刀及程序的导入、导出。

三、技能目标

1. 具有分析螺纹零件加工工艺的能力。
2. 具有使用 G04、G92 和 G76 指令编写螺纹零件加工程序的能力。
3. 具有使用仿真软件验证螺纹零件加工程序正确性的能力。

四、素质目标

1. 具有高度的责任心、爱岗敬业、团结合作精神。
2. 具有正确执行安全技术操作规程的能力。

相关知识

一、加工工艺

1 切槽

（1）窄槽的加工

加工低精度窄槽,选择刀头宽度等于沟槽宽度的切槽刀,用 G01 直进切削,再用 G01 退刀;加工高精度窄槽,G01 进刀后,在槽底停留若干时间,光整槽底,再用 G01 退刀,如图 1-47 所示。

（2）宽槽的加工

加工宽槽时分几次进刀,每次车削轨迹要有重叠部分,最后精车,如图 1-48 所示。

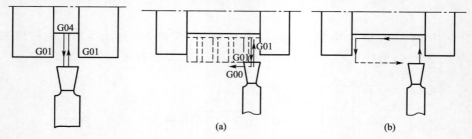

图 1-47　窄槽的加工路线　　　　　图 1-48　宽槽的加工路线

（3）梯形槽的加工

① 先加工中间部分,方法与普通槽加工相同。

② 再加工两侧面,按照从外向内的方向加工,路线如图 1-49(a)、(b)所示。

③ 最后按照 1→2→3→4→5→进刀路线,完成梯形槽的精加工,如图 1-49(c)所示。

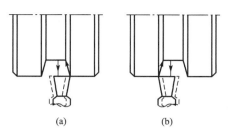
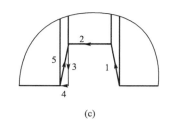

图 1-49 梯形槽的加工路线

2 螺纹加工尺寸计算

（1）螺纹外圆实际切削直径

螺纹部分的工件外径一般比螺纹的公称直径小。实际车削时外圆柱面的直径 $d_{实}=d-0.1P$，其中 d 为公称直径，P 为螺距。

（2）螺纹牙型高度

根据普通螺纹国家标准规定，三角形螺纹的牙型高度 $h_{牙}=0.65P$。

（3）螺纹小径

$$d_{小}=d-2h_{牙}=d-1.3P$$

3 螺纹的车削方法

（1）进刀路线

数控车床加工螺纹的进刀路线通常有直进法和斜进法两种，如图 1-50 所示。

当螺距 $P<3$ mm 时，一般采用直进法；当螺距 $P\geqslant3$ mm 时，一般采用斜进法。

螺纹加工中的走刀次数和背吃刀量大小直接影响螺纹的加工质量，车削时应遵循递减的背吃刀量分配方式。如图 1-51 所示。

(a)直进法　(b)斜进法

图 1-50 进刀路线

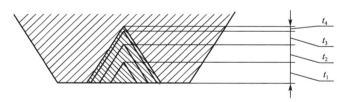

图 1-51 背吃刀量分配方式

（2）螺纹加工升速进刀段和减速退刀段

由于车削螺纹起始时有一个加速过程，结束前有一个减速过程，车螺纹时，两端必须设置足够的升速进刀段和减速退刀段，图 1-52 所示，δ_1 为升速进刀段距离，δ_2 为减速退刀段距离。

δ_1 和 δ_2 的数值与工件螺距和主轴转速有关，一般 δ_1 取 $1P\sim2P$，δ_2 取 $0.5P$。实际生产中，δ_1 值一般取 $2\sim5$ mm，对大螺距和高精度的螺纹取大值；δ_2 值一般为退刀槽宽度的一半左右，取 $1\sim3$ mm。若螺纹收尾处没有退刀槽，收尾处的形状与数控系统有关，一般按 $45°$ 退刀收尾。

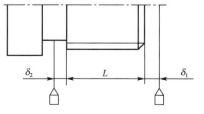

图 1-52 升速进刀段和减速退刀段

（3）多线螺纹车削

分线方法有轴向分线法和周向分线法两种。数控车床常用轴向分线法，数控车削中心（带有 C 轴的数控车床）常用周向分线法。

数控车床加工多线螺纹方法：先加工第一条螺纹，然后再加工第二条螺纹。加工第二条螺纹前车刀的轴向起点与加工第一条螺纹的轴向起点偏移一个螺距 P。如加工螺距为 1.5 的双线螺纹时，第一条螺纹的起点坐标为 $Z5.0$，则加工第二条螺纹时起点坐标为 $Z6.5$。

偏移方法：一是在程序中直接把起点 Z 坐标设定为 $Z6.5$；另外一种方法是使用 G54～G59 坐标系偏移指令或刀具偏置指令偏移。

4 螺纹加工的切削用量

（1）主轴转速 $n(\mathrm{r/min})$

数控车床加工螺纹时，主轴转速受数控系统、螺纹导程、刀具、工件尺寸和材料等多种因素影响。不同的数控系统，有不同的推荐主轴转速范围，操作者仔细查阅说明书后，根据具体情况选用。大多数数控车床车削螺纹时，推荐主轴转速公式如下：

$$n \leqslant 1\,200/P - K$$

其中，P 为工件的螺距（mm）；K 为保险系数，一般取 80；n 为主轴转速（r/min）。

（2）切削深度或背吃刀量 a_{p}

常用螺纹加工走刀次数与分层切削量推荐值，见表 1-18。

表 1-18　　　　常用螺纹加工走刀次数与分层切削量推荐值

螺距/mm	牙深/mm	总切深/mm	每次背吃刀量/mm					
			1 次	2 次	3 次	4 次	5 次	6 次
1.0	0.65	1.3	0.7	0.5	0.1			
1.5	0.975	1.95	0.8	0.65	0.4	0.1		
2.0	1.3	2.6	0.9	0.7	0.6	0.3	0.1	
2.5	1.625	3.25	1.0	0.8	0.6	0.5	0.25	0.1

（3）进给量 $F(\mathrm{mm/r})$

①单线螺纹的进给量等于螺距，即 $F = P$；

②多线螺纹的进给量等于导程，即 $F = L$。

二、编程基础

1 G04——暂停指令

（1）功能

用于槽的加工，刀具相对于零件做短时间的无进给光整加工，以提高表面质量，保证圆柱度。

（2）指令格式

G04 P（X／U）＿；

其中，P、X、U 为暂停时间。

注意：

● X、U 后面可用带小数点的数，P 后面不允许用带小数点的数。

● X、U 后面时间单位为秒（s），P 后面时间单位为毫秒（ms）。

微课
G04暂停指令

【例 1-8】　零件如图 1-53 所示,编写窄槽部分的加工程序。窄槽部分加工程序见表 1-19。

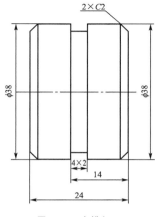

图 1-53　窄槽加工

表 1-19　　　　　　　　窄槽部分加工程序

程 序	说 明
T0303;	换 03 号切槽刀(刀宽 4 mm)
M03 S400;	主轴正转,转速为 400 r/min
G00 Z−14.0;	刀具快速点定位至切槽位置
X40.0;	
G01 X34.0 F0.05;	直线插补切削槽,进给量为 0.05 mm/r
G04 X2.0;	槽底暂停 2 s
G01 X40.0;	退刀

【例 1-9】　零件如图 1-54 所示,编写宽槽部分的加工程序。宽槽部分加工程序见表 1-20。

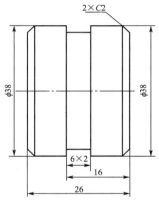

图 1-54　宽槽加工

表 1-20　　　　　　　　宽槽部分加工程序

程 序	说 明
T0303;	换 03 号切槽刀(刀宽 4 mm)
M03 S400;	主轴正转,转速为 400 r/min
G00 Z−16.0;	刀具快速点定位至切槽位置
X40.0;	
G01 X34.5 F0.1;	直线插补切削槽,离槽底 0.5 mm,进给量为 0.1 mm/r
X40.0;	退刀
W2.0;	槽刀右移 2 mm
X34.0 F0.05;	直线插补切削至槽底,进给量为 0.05 mm/r
W−2.0;	向左进刀 2 mm,精车槽底
X40.0;	切削槽右侧面

【例 1-10】　零件如图 1-54 所示,编写左倒角的加工程序。

零件的左倒角,一般用切槽刀的右刀尖进行切削较为合理,加工程序见表 1-21。实际加工时也可以采用切断后调头加工左倒角。

表 1-21　　　　　　　　左倒角部分加工程序

程 序	说 明
T0303;	换 03 号切槽刀(刀宽 4 mm)
M03 S400;	主轴正转,转速为 400 r/min
G00 Z−30.0;	刀具快速点定位至切断位置
X40.0;	
G01 X34.0 F0.05;	直线插补切削至 X34,进给量为 0.05 mm/r
X38.0;	X 向退刀
W2.0;	槽刀右移 2 mm
X34.0 W−2.0;	用槽刀右切削刃切削左倒角
X−1.0;	切断工件

2 G92——螺纹切削循环指令

(1)功能

用于简单循环加工螺纹。G92 螺纹切削循环路线如图 1-55 所示。

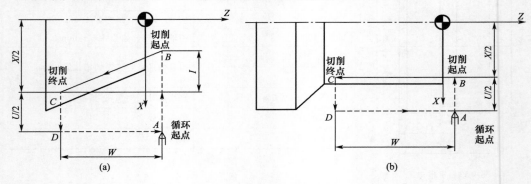

图 1-55 G92 指令循环路线

(2)指令格式

G92 X(U)__ Z(W)__ I(R)__ F __;

其中　X、Z——螺纹终点的绝对坐标;

U、W——螺纹终点相对起点的坐标;

F——螺纹导程;

$I(R)$——圆锥螺纹起点半径与终点半径的差值。圆锥螺纹终点半径大于起点半径时,$I(R)$为负值;圆锥螺纹终点半径小于起点半径时,$I(R)$为正值。圆柱螺纹 $I(R)=0$,可省略。

注意:

● 车螺纹时不能使用恒线速度控制指令,要使用 G97 指令,粗车和精车主轴转速一样,否则会出现乱牙现象。

● 车螺纹时进给速度倍率、主轴速度倍率无效(固定为 100%)。

● 受机床结构及数控系统的影响,车螺纹时主轴转速有一定的限制。

● 圆锥螺纹,斜角在 $45°$ 以下时,螺纹导程以 Z 轴方向指定;斜角为 $45°\sim90°$ 时,螺纹导程以 X 轴方向指定。

【例 1-11】　如图 1-56 所示,零件外径已车至尺寸要求,$4×2$ 的退刀槽已加工,用 G92 指令编制 M24×2 螺纹的加工程序。

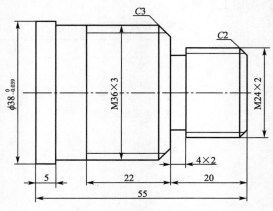

图 1-56　螺纹加工零件图

（1）尺寸计算

实际车削时外圆柱面的直径：$d_实 = 24 - 0.1P = 23.8$ mm

螺纹实际牙型高度 $h_牙 = 0.65P = 1.3$ mm

螺纹实际小径 $d_小 = d - 1.3P = 21.4$ mm

升速进刀段 δ_1 取 5 mm，减速退刀段 δ_2 取 2 mm。

（2）切削用量

主轴转速 n 取 400 r/min，进给量 F 取 2 mm，由表 1-30 可知分五刀切削螺纹，被吃刀量分别为 0.9、0.7、0.6、0.3、0.1 mm。

（3）加工程序

M24×2 螺纹加工程序见表 1-22。

表 1-22　　　　　　　　　　　　　　　　**M24×2 螺纹加工程序**

程　序	说　明
O1411	程序号
G40 G97 G99 M03 S400;	主轴正转，转速为 400 r/min
T0404;	换 04 号螺纹车刀
G00 Z5.0;	刀具快速点定位至螺纹切削循环起点
G00 X25.0;	
G92 X23.1 Z−18.0 F2.0;	螺纹车削循环第一刀切深 0.9 mm，螺距为 2 mm
X22.4;	第二刀切深 0.7 mm
X21.8;	第三刀切深 0.6 mm
X21.5;	第四刀切深 0.3 mm
X21.4;	第五刀切深 0.1 mm
X21.4;	光车，切深为 0 mm
G00 X100.0;	快速退刀至换刀点
Z100.0;	
M30;	程序结束并返回起点

③ G76——螺纹切削复合循环指令

（1）功能

用于多次自动循环切削螺纹。常用于加工不带退刀槽的螺纹和大螺距螺纹。G76 螺纹切削复合循环路线如图 1-57 所示。

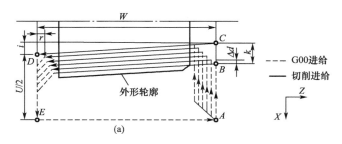
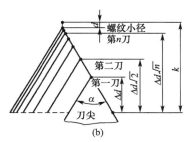

图 1-57　G76 指令循环路线

（2）指令格式

G76 P(m)(r)(α) Q(Δd_{min}) R(d)；

G76 X(U)__ Z(W)__ R(i) P(k) Q(Δd) F(L)；

其中   m——精车重复次数；

α——刀尖角度；

r——螺纹尾部倒角量，用00～99之间的两位整数来表示；

α——刀尖角度；

Δd_{min}——最小车削深度，用半径值指定；

d——精车余量，用半径值指定；

X(U)、Z(W)——螺纹终点坐标；

i——螺纹部分的半径差，直螺纹 i＝0；

k——螺纹高度，用半径值指定；

Δd——第一次车削深度，用半径值指定；

L——导程，单头为螺距。

注意：

● i、k和 Δd 数值以无小数点形式表示。

● m、r、α、Δd_{min}和 d 是模态量。

● 外螺纹 X(U)值为螺纹小径，内螺纹 X(U)值为螺纹大径。

【例 1-12】 如图 1-56 所示，零件外径已车至尺寸要求，用 G76 编制 M36×3 螺纹部分的加工程序。

（1）尺寸计算

实际车削时外圆柱面的直径：$d_实＝d-0.1P＝36-0.1×3＝35.7$ mm

螺纹实际牙型高度：$h_牙＝0.65P＝0.65×3＝1.95$ mm

螺纹实际小径：$d_小＝d-1.3P＝36-1.3×3＝32.1$ mm

升速进刀段：$δ_1$ 取 5 mm。

（2）螺纹参数

精车重复 2 次，m 取 02；螺纹尾部无倒角，r 取 00；三角形螺纹刀尖角60°，α 取 60；最小车削深度 $Δd_{min}$ 为 0.05 mm，Q 取 50；留 0.1 mm 精车余量，R 取 0.1；根据零件图计算螺纹终点坐标(32.1，-42.0)；直螺纹 i 为 0，可以省略；螺纹高度 k 为 1.95 mm，P 取 1950；第一次车削深度 Δd 为 0.45 mm，Q 取 450；单头螺纹螺距为 3，F 取 3。

（3）加工程序

M36×3 螺纹加工程序见表 1-23。

表 1-23   M36×3 螺纹加工程序

程　序	说　明
O1412	程序号
G40 G97 G99 M03 S400；	主轴正转，转速为 400 r/min
T0404；	换 04 号螺纹车刀
G00 Z-15.0；	刀具快速点定位至螺纹切削复合循环起点
G00 X37.0；	
G76 P020060 Q50 R0.1；	螺纹切削复合循环
G76 X32.1 Z-42.0 P1950 Q450 F3.0；	
G00 X100.0；	快速退刀至换刀点
Z100.0；	
M30；	程序结束并返回起点

三、仿真加工

1 螺纹车刀的选择

螺纹车刀的选择如图 1-58 所示。

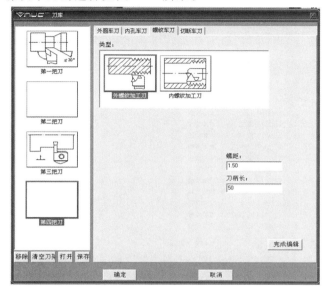

微课
螺纹车刀选择
与对刀

图 1-58　选择螺纹车刀

2 螺纹车刀对刀

（1）X 向对刀

螺纹车刀的刀尖与工件已切削外圆接触，如图 1-59（a）所示，按 [OFS/SET] 键，进入刀具偏置补偿界面，将光标放在如图 1-60 所示 G04 行，输入 X 直径值，按【测量】键完成 X 向对刀。

（2）Z 向对刀

螺纹车刀的刀尖与工件右端面对齐，如图 1-59（b）所示，按 [OFS/SET] 键，进入刀具偏置补偿界面，将光标放在图 1-60 所示 G04 行，输入 Z0，按【测量】键完成 Z 向对刀。

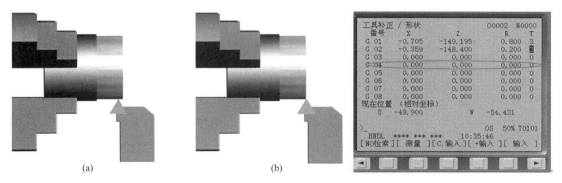

(a)　　　　　　(b)

图 1-59　螺纹车刀 X、Z 向对刀示意图

图 1-60　刀具偏置补偿界面

3 记事本编辑程序及程序导入与导出

（1）记事本编辑程序

打开记事本，输入加工程序，注意程序号前面和程序结束 M30 后面都要加％。

（2）导入程序

单击菜单"文件/加载 NC 代码文件"→打开"打开"对话框，如图 1-61 所示→选择文件路径和文件名→单击 打开(O) 按钮→按 PROG 键，可以查看和编辑导入的程序。

微课

程序导入与导出

图 1-61　打开 NC 代码对话框

（3）导出程序

单击菜单"文件/保存 NC 代码文件"→弹出"另存为"对话框，如图 1-62 所示→选择文件路径和文件名→单击 保存(S) 按钮。存储文件扩展名为 CUT，可以用记事本打开该文件。

图 1-62　"另存为"对话框

任务实施

一、图样分析

螺纹零件图如图 1-46 所示。零件加工表面有 $R4$ mm 凸圆弧、$R5$ mm 凹圆弧、$M24 \times 1.5$ 螺纹、4×2 退刀槽、$\phi20$ mm、$\phi28_{-0.033}^{0}$ mm、$\phi38_{-0.039}^{0}$ mm 外圆等。表面粗糙度为 $Ra\ 1.6\ \mu m$ 和 $Ra\ 3.2\ \mu m$。与任务三对比,增加了槽和螺纹的编程及仿真加工。

二、加工工艺方案制定

1 加工方案

(1)采用三爪卡盘装卡,零件伸出卡盘 65 mm 左右。

(2)加工零件外轮廓至尺寸要求。

(3)切断工件。

2 刀具选用

T01 选 90°硬质合金外圆车刀(刀尖角 55°);T03 选切槽刀;T04 选螺纹车刀,仿真加工刀具如图 1-60 所示,实际加工刀具如图 1-22(c)所示。

螺纹零件数控加工刀具卡见表 1-24。

表 1-24　　　　　　　　　　螺纹零件数控加工刀具卡

零件名称		螺纹零件		零件图号			1-46	
序号	刀具号	刀具名称	数量	加工表面		刀尖半径 R/mm	刀尖方位 T	备注
1	T01	90°外圆车刀	1	粗精车外轮廓		0.4	3	
2	T03	4 mm 切槽刀	1	切槽、切断				
3	T04	60°螺纹车刀	1	粗精车螺纹				
编制		审核		批准		日期	共 1 页	第 1 页

3 加工工序

螺纹零件数控加工工序卡见表 1-25。

表 1-25　　　　　　　　　　螺纹零件数控加工工序卡

单位名称				零件名称		零件图号	
				螺纹零件		1-46	
程序号	夹具名称		使用设备	数控系统		场地	
O141	三爪卡盘		CKA6150	FANUC 0i-Mate		数控实训中心	
工步号	工步内容			刀具号	主轴转速 n/(r·min^{-1})	进给量 F/(mm·r^{-1})	背吃刀量 a_p/mm	备注
1	装卡零件并找正							手动
2	手动对刀							
3	粗、车外轮廓,留余量 1 mm			T01	600	0.2	1.5	
4	精车外轮廓			T01	1 000	0.1	0.5	
5	切槽 4×2			T03	400	0.05	4.0	O141
6	粗、精车螺纹			T04	400	1.5		
7	切断			T03	400	0.05	4.0	
编制		审核		批准		日期	共 1 页	第 1 页

三、编制加工程序

螺纹零件用 G92 指令加工,加工程序见表 1-26。

表 1-26　　　　　　　　　　　　　　螺纹零件加工程序

程序	说明
O141	程序号
G40 G97 G99 M03 S600 F0.2;	主轴正转,转速为 600 r/min,进给量为 0.2 mm/r
T0101;	换 01 号 90°外圆车刀
M08;	切削液开
G00 Z5.0;	刀具快速点定位至粗加工复合循环起点
X40.0	
G71 U1.5 R0.5;	定义粗车循环,切削深度为 1.5 mm,退刀量为 0.5 mm
G71 P10 Q20 U0.5 W0.05;	精车路线由 N10～N20 指定,X 向精车余量为 0.5 mm,Z 向精车余量为 0.05 mm
N10 G00 X0;	
G01 Z0 F0.1;	
X12.0;	
G03 X20.0 Z-4.0 R4.0;	
G01 Z-10.0;	
X21.0;	
X23.85 W-1.5;	精车轮廓
Z-30.0;	
X27.98 W-2.0;	
Z-40.0;	
G02 X37.98 Z-45.0 R5.0;	
N20 G01 Z-59.0;	
G00 X100.0;	快速退刀至换刀点
Z100.0;	
M05;	主轴停止
M00;	程序暂停
M03 S1000;	主轴正转,转速为 1 000 r/min
G42 G00 Z5.0;	刀具快速点定位至粗加工复合循环起点,建立刀尖圆弧半径右补偿
X40.0;	
G70 P10 Q20;	精加工复合循环
G40 G00 X100.0;	快速退刀至换刀点,取消刀尖圆弧半径补偿
Z100.0;	
T0303;	换 03 号切槽刀
M03 S400;	主轴正转,转速为 400 r/min
G00 Z-30.0;	刀具快速点定位至切槽处
X29.0;	
G01 X20.0 F0.05;	切槽,进给量为 0.05 mm/r
X29.0;	退刀
G00 X100.0;	快速退刀至换刀点
Z100.0;	
T0404;	换 04 号螺纹车刀
M03 S400;	主轴正转,转速为 400 r/min

续表

程　序	说　明
G00 Z—5.0; X25.0;	刀具快速点定位至螺纹切削循环起点
G92 X23.2 Z—28.0 F1.5;	螺纹车削循环第一刀切深 0.8 mm,螺距为 1.5 mm
X22.55;	第二刀切深 0.65 mm
X22.15;	第三刀切深 0.4 mm
X22.05;	第四刀切深 0.1 mm
X22.05;	光车,切深为 0 mm
G00 X100.0; Z100.0;	快速退刀至换刀点
T0303;	换 03 号切槽刀
M03 S400;	主轴正转,转速为 400 r/min
G00 Z—59.0; X41.0;	刀具快速点定位至切断处
G01 X35.0 F0.05;	直线插补切削至倒角深度,进给量为 0.05 mm/r
X38.0;	X 向退刀
W1.5;	切槽刀右移 1.5 mm
X35.0 W—1.5;	用切槽刀右切削刃车左倒角
G01 X—1.0 F0.05;	切断工件
G00 X100.0; Z100.0;	快速退刀至换刀点
M30;	程序结束并返回起点

螺纹 M24×1.5 也可以用 G76 指令加工,螺纹加工部分加工程序见表 1-27。

表 1-27　　　　　　　　　　**G76 指令加工螺纹程序**

程　序	说　明
G40 G97 G99 M03 S400;	主轴正转,转速为 400 r/min
T0404;	换 04 号螺纹车刀
G00 Z—5.0; X25.0;	刀具快速点定位至螺纹切削复合循环起点
G76 P020060 Q50 R0.1; G76 X22.05 Z—28.0 P975 Q400 F1.5;	螺纹切削复合循环
G00 X100.0; Z100.0;	快速退刀至换刀点
M30;	程序结束并返回起点

四、仿真加工

仿真加工的工作过程如下:

启动软件→选择机床→回零→设置工件并安装→
装刀(T01、T03、T04)→输入 O141 号加工程序→对刀
(T0101、T0303、T0404)→自动加工→测量尺寸

螺纹零件仿真加工结果如图 1-63 所示。

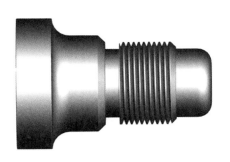

图 1-63　螺纹零件仿真加工结果

任务五　手柄零件的编程及仿真加工

任务目标

一、任务描述

如图 1-64 所示为手柄零件图,该零件材料为 45 钢,毛坯 $\phi 35$ mm × 117 mm,使用 CKA6150 数控车床,单件生产,编写加工程序,运用 VNUC 软件进行仿真加工。

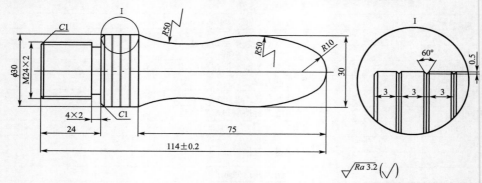

图 1-64　手柄零件图

二、知识目标

1.熟悉中等复杂轴类零件的加工工艺。

2.掌握 G73 指令、子程序 M98 和 M99 指令及应用。

3.学习零件调头加工的对刀操作。

三、技能目标

1.具有拟定调头加工零件工艺文件的能力。

2.具有使用 G73、M98 和 M99 指令编写中等复杂轴类零件加工程序的能力。

3.具有使用仿真软件验证中等复杂轴类零件加工程序正确性的能力。

四、素质目标

1.培养认真负责、严于律己、吃苦耐劳的精神。

2.培养质量意识和规范意识。

相关知识

一、加工工艺

1 切削刀具的选择

外表面有内凹结构的圆弧面零件,选择 90°车刀时要特别注意副偏角的大小,防止车刀副后刀面与工件已加工表面发生干涉。主偏角一般取 90°～93°,刀尖角取 35°～55°,以保证刀尖位于刀具的最前端,避免刀具过切。

刀具几何角度可以通过作图或计算得到,副偏角大于作图或计算所得不发生干涉的极限角度值 6°～8°即可。当确定几何角度困难或无法确定时,可以采用其他类型的车刀。

2 零件调头加工工艺

一次装夹不能完成所有表面的加工时要采用调头加工方法。零件调头后要进行找正,一般采用打表找正,具体操作步骤见模块三的任务一。调头加工顺序由零件的加工要求和装夹的方便性、可靠性等来确定。调头加工时零件总长的保证方法见仿真加工对刀操作。

二、编程基础

1 G73——固定形状粗加工复合循环指令

(1)功能

G73 指令适用于粗车轮廓形状与零件轮廓形状基本接近的铸造、锻造类毛坯。该指令只需指定粗加工循环次数、精加工余量和精加工路线,系统自动算出粗加工的切削深度,给出粗加工路线,完成各表面的粗加工。G73 指令粗车循环路线如图 1-65 所示。

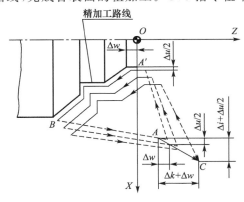

图 1-65 G73 指令循环路线

(2)指令格式

G73 U(Δi) W(Δk) R(d);

G73 P(ns) Q(nf) U(Δu) W(Δw);

其中 Δi——X 向总退刀量,用半径值指定;

Δk——Z 向总退刀量;

d——循环次数;

ns——精加工轮廓程序段中的开始程序段号;

nf——精加工轮廓程序段中的结束程序段号;

Δu——X 向的精加工余量,用半径值指定,一般取 0.5 mm;

Δw——Z 向的精加工余量,一般取 0.05～0.1 mm。

注意:

● 与 G71 基本相同,不同之处是可以加工任意形状轮廓的零件。

● G73 也可以加工未去除余量的棒料,但是空走刀较多。

● ns、nf 程序段不必紧跟在 G73 程序段后编写,系统能自动搜索到 ns 程序段并执行,完成 G73 指令后,会接着执行紧跟 nf 程序段的下一程序段。

【例 1-13】 零件如图 1-66 所示,毛坯已基本锻造成型,加工余量单边为 8 mm,背吃刀量为 2 mm。用 G73 和 G70 指令编写零件粗、精加工程序。

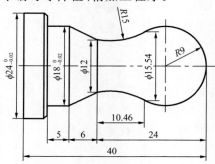

图 1-66 加工零件图

加工程序见表 1-28。

表 1-28 加工程序

程 序	说 明
O153	程序号
G40 G97 G99 M03 S600 F0.2;	主轴正转,转速为 600 r/min,进给量为 0.2 mm/r
T0101;	换 01 号 90°外圆车刀
M08;	切削液开
G00 Z5.0;	刀具快速点定位至固定形状粗加工复合循环起点
X40.0;	
G73 U8.0 W8.0 R4;	定义 G73 粗车循环,X 向总退刀量为 8 mm,Z 向总退刀量为 8 mm,循环 4 次
G73 P10 Q20 U0.5 W0.05;	精加工路线由 N10～N20 指定,X 向精加工余量为 0.5 mm,Z 向精加工余量为 0.05 mm
N10 G00 X0;	精车轮廓
G01 Z0;	
G03 X15.54 Z−13.54 R9.0;	
G02 X12.0 Z−24.0 R15.0;	
G01 X17.99 W−6.0;	
W−5.0;	
X23.99 C0.5;	
N20 G01 Z−40.0;	
M05;	主轴停止
M00;	程序暂停
M03 S1000;	主轴正转,转速为 1 000 r/min
T0101;	调用 01 号 90°外圆车刀
G42 G00 Z5.0;	刀具快速点定位至固定形状粗加工复合循环起点,建立刀尖圆弧半径右补偿
X40.0;	
G70 P10 Q20;	精加工复合循环
G40 G00 X100.0;	快速退刀至换刀点,取消刀尖圆弧半径补偿
Z100.0;	
M30;	程序结束并返回程序起点

2 子程序

（1）功能

重复的内容按照一定格式编写成子程序，简化编程。

（2）子程序调用格式

M98 P△△△××××；

其中　△△△——子程序重复调用次数，取值为 1～999，1 次可以省略；

　　　××××——被调用的子程序号。

注意：

● 调用次数大于 1 时，子程序号前面的 0 不能省略。

● 主程序可以调用子程序，子程序可以调用其他子程序。

● 子程序的编写格式与主程序基本相同，子程序结束符 M99。

● 子程序执行完请求的次数后返回到 M98 的下一句继续执行，如果子程序后没有 M99，将不能返回主程序。

【例 1-14】　零件如图 1-67 所示，用 M98 和 M99 指令编写零件加工程序。

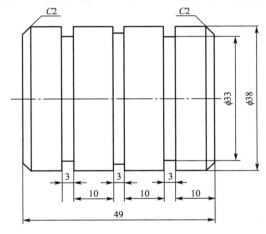

图 1-67　零件图

主程序见表 1-29，子程序见表 1-30。

表 1-29　　　　　　　　　　　　　　　　　　主程序

程序	说　明
O1541	主程序号
G40 G97 G99 M03 S600 F0.2；	主轴正转，转速为 600 r/min，进给量为 0.2 mm/r
T0101；	换 01 号 90°外圆车刀
M08；	切削液开
G00 Z5.0；	刀具快速点定位至粗加工起点
X39.0；	
G01 Z−52.0；	粗加工外圆
X40.0；	X 向退刀
G00 Z5.0；	Z 向快速退刀
M03 S1000 F0.1；	主轴正转，转速为 1 000 r/min，进给量为 0.1 mm/r
G01 X34.0 Z0；	直线插补至精加工起点
X38.0 Z−2.0；	直线插补切削右倒角
Z−52.0；	精加工外圆
G00 X100.0；	快速退刀至换刀点
Z100.0；	

续表

程序	说明
T0303;	换03号切槽刀（刀宽3 mm）
M03 S400;	主轴正转,转速为400 r/min
G00 Z0;	刀具快速点定位至工件右端面
X40.0;	
M98 P31542;	调用子程序O1542三次
G00 Z−52.0;	刀具快速点定位至切断处
G01 X34.0 F0.05;	直线插补切削至倒角深度,进给量为0.05 mm/r
X38.0;	X向退刀
W2.0;	切槽刀右移2 mm
X34.0 W−2.0;	用切槽刀右切削刃切削左倒角
X−1.0;	切断工件
G00 X100.0;	快速退刀至换刀点
Z100.0;	
M30;	程序结束,并返回起点

表1-30　　　　　　　　　　　子程序

程序	说明
O1542	子程序号
G00 W−13.0;	左移13 mm
G01 U−7.0 F0.05;	切削至槽深,进给量为0.05 mm/r
G04 X2.0;	暂停2 s
G00 U7.0;	退刀
M99;	子程序结束,返回主程序

三、仿真加工

1 刀具选择

手柄零件中有凸凹相连圆弧,选用90°外圆车刀（刀尖角35°）加工圆柱、圆锥面、圆弧面,刀具选择如图1-68所示。切槽刀、螺纹刀的选择与前面任务相同。

2 零件调头装夹

单击菜单"工艺流程/移动毛坯",打开如图1-69所示"调整车床毛坯"对话框→单击"调头"按钮→单击"向左"或"向右"按钮调整工件装夹位置→单击"夹紧/松开"按钮→单击"关闭"按钮→完成零件调头装夹。

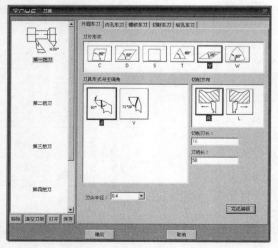

图1-68　选择90°外圆车刀（刀尖角35°）

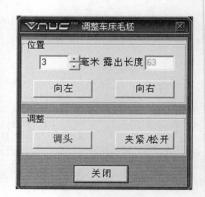

图1-69　"调整车床毛坯"对话框

3 零件调头后对刀

（1）调整刀具 T01 至工件右下角。

（2）试切削工件外圆。

（3）测量试切削外圆直径。

（4）设置 X 向补正。

注意：如果此刀具在调头前已使用，则不再需要 X 向对刀。

（5）试切削端面。

（6）测量工件总长。

（7）设置 Z 向补正。

按 [OFS/SET] 键→按【补正】键→按【形状】键→移动光标键至 T0101 刀具位置（番号 G01）→输入 Z 值（Z 值大小为测量工件总长与零件图纸总长之差）→按【测量】键完成 Z 向补正。

任务实施

一、图样分析

该零件为中等复杂程度的轴类零件，加工表面有 $R10$ mm 凸圆弧、$R50$ mm 凸圆弧、$R50$ mm 凹圆弧、$\phi30$ mm 外圆、M24×2 螺纹、4×2 退刀槽、3 个相同的浅槽等，表面粗糙度为 $Ra\ 3.2\ \mu m$。与任务四对比，增加了成型面、子程序的编程与零件的调头加工。

二、加工工艺方案制定

1 加工方案

（1）采用三爪卡盘装卡，零件伸出卡盘 50 mm 左右。

（2）加工零件左侧外轮廓、切槽、车螺纹。

（3）零件调头装夹并找正，车端面，保证总长。

（4）加工零件右侧外轮廓。

2 刀具选用

T01 90°外圆车刀（刀尖角 35°），仿真加工刀具如图 1-68 所示，实际加工刀具如图 1-22（b）中间图片所示。

T03 切槽刀、T04 螺纹车刀选择同前面任务。

手柄零件数控加工刀具卡见表 1-31。

表 1-31　　　　　　　　　　　数控加工刀具卡

零件名称		手柄		零件图号		1-64		
序号	刀具号	刀具名称	数量	加工表面	刀尖半径 R/mm	刀尖方位 T	备注	
1	T01	90°外圆车刀	1	粗精车外轮廓	0.4	3	刀尖角 35°	
2	T03	4 mm 切槽刀	1	切槽				
3	T04	60°螺纹车刀	1	车浅槽、粗精车螺纹				
编制		审核		批准		日期		共 1 页　第 1 页

3 加工工序

手柄零件数控加工工序卡见表 1-32。

表 1-32　　　　　　　　数控加工工序卡

单位名称			零件名称 手柄		零件图号 1-64	
程序号	夹具名称	使用设备	数控系统		场地	
O1511 至 O1513	三爪卡盘	CKA6150	FANUC 0i-Mate		数控实训中心	
工步号	工步内容		刀具号	主轴转速 $n/(\text{r} \cdot \text{min}^{-1})$	进给量 $F/(\text{mm} \cdot \text{r}^{-1})$	背吃刀量 a_p/mm	备注
1	装卡零件并找正						手动
2	手动对刀						
3	粗车左侧外轮廓，留余量 1 mm		T01	600	0.2	1.5	O1511 O1512
4	精车左侧外轮廓		T01	1 000	0.1	0.5	
5	切槽 4×2		T03	400	0.05	4.0	
6	粗精车螺纹		T04	400	2.0		
7	车浅槽		T04	400	0.05	0.5	
8	零件调头装夹、找正						手动
9	车端面，保总长						
10	手动对刀						
11	粗车右侧外轮廓，留余量 1 mm		T01	600	0.2	1.5	O1513
12	精车右侧外轮廓		T01	1 000	0.1	0.5	
编制		审核		批准	日期	共 1 页	第 1 页

三、编制加工程序

1 圆弧交点坐标的计算

可以利用 CAD 软件得到交点坐标值。没有软件时可以按照相似三角形对应边的比例关系和勾股定理进行尺寸计算。

本任务采用 CAD 软件查询得到手柄圆弧交点坐标分别为 (17.5，−5.159) 和 (26.332，−42.783)。

2 加工程序

手柄零件加工程序见表 1-33～表 1-35。

表 1-33　　　　　　　　左端加工程序

程序	说明
O1511	程序号
G40 G97 G99 M03 S600 F0.2；	主轴正转，转速为 600 r/min，进给量为 0.2 mm/r
T0101；	换 01 号 90°外圆车刀（刀尖角 35°）
M08；	切削液开
G00 Z5.0；	刀具快速点定位至粗加工复合循环起点
X35.0；	
G71 U1.5 R0.5；	定义粗车循环，切削深度为 1.5 mm，退刀量为 0.5 mm

程 序	说 明
G71 P10 Q20 U0.5 W0.05;	精车路线由 N10～N20 指定，X 向精车余量为 0.5 mm，Z 向精车余量为 0.05 mm
N10 G00 X0;	精车轮廓
G01 Z0 F0.1;	
X22.0;	
X23.8 Z−1.0;	
Z−24.0;	
X28.0;	
X30.0 W−1.0;	
N20 G01 Z−45.0;	
G00 X100.0;	快速退刀至换刀点
Z100.0;	
M05;	主轴停止
M00;	程序暂停
M03 S1000;	主轴正转，转速为 1 000 r/min
T0101;	调用 01 号 90°外圆车刀
G42 G00 Z5.0;	刀具快速点定位至粗加工复合循环起点，建立刀尖圆弧半径右补偿
X35.0;	
G70 P10 Q20;	精加工复合循环
G40 G00 X100.0;	快速退刀至换刀点，取消刀尖圆弧半径补偿
Z100.0;	
T0303;	换 03 号切槽刀
M03 S400;	主轴正转，转速为 400 r/min
G00 Z−24.0;	刀具快速点定位至切槽处
X31.0;	
G01 X20.0 F0.05;	切槽，进给量为 0.05 mm/r
G04 X2.0;	槽底暂停 2 s
X31.0;	退刀
G00 X100.0;	快速退刀至换刀点
Z100.0;	
T0404;	换 04 号螺纹车刀
M03 S400;	主轴正转，转速为 400 r/min
G00 Z5.0;	刀具快速点定位至螺纹切削复合循环起点
X25.0;	
G76 P020060 Q50 R0.1;	螺纹切削复合循环
G76 X21.4 Z−22.0 P1300 Q450 F2.0;	
G00 X32.0;	刀具快速点定位至浅槽循环起点
Z−24.0;	
M98 P31512;	调用子程序 O1512 三次
G00 X100.0;	快速退刀至换刀点
Z100.0;	
M30;	程序结束并返回起点

表 1-34 子程序

程 序	说 明
O1512	子程序号
G00 W−3.0;	左移 3 mm
G01 U−3.0 F0.05;	切削至槽深
G04 X2.0;	暂停 2 s
G00 U3.0;	退刀
M99;	子程序结束，返回主程序

表 1-35   **右端加工程序**

程 序	说 明
O1513	程序号
G40 G97 G99 M03 S600 F0.2；	主轴正转,转速为 600 r/min,进给量为 0.2 mm/r
T0101；	换 01 号 90°外圆车刀(刀尖角 35°)
M08；	切削液开
G00 Z5.0；	刀具快速点定位至固定形状粗加工复合循环起点
X35.0；	
G73 U10.0 W0 R6.0；	定义 G73 粗车循环,X 向总退刀量为 10 mm,Z 向总退刀量为 0,循环 6 次
G73 P10 Q20 U0.5 W0.05；	精加工路线由 N10～N20 指定,X 向精加工余量为 0.5 mm,Z 向精加工余量为 0.05 mm
N10 G00 X0；	
G01 Z0 F0.1；	
G03 X17.5 Z−5.159 R10.0；	精车轮廓
G03 X26.332 Z−42.783 R50.0；	
G02 X30.0 Z−75.0 R50.0；	
N20 G01 X30.0；	
M05；	主轴停止
M00；	程序暂停
M03 S1000；	主轴正转,转速为 1 000 r/min
T0101；	调用 01 号 90°外圆车刀
G42 G00 Z5.0；	刀具快速点定位至固定形状粗加工复合循环起点,建立刀尖圆弧半径右补偿
X35.0；	
G70 P10 Q20；	精加工复合循环
G40 G00 X100.0；	快速退刀至换刀点,取消刀尖圆弧半径补偿
Z100.0；	
M30；	程序结束并返回起点

四、仿真加工

① 加工左端

启动软件→选择机床→回零→设置工件并安装→装刀(T01、T03、T04)→输入 O1511 和 O1512 号加工程序→对刀→自动加工→测量尺寸。

左端仿真加工结果如图 1-70 所示。

② 加工右端

零件调头→装夹 φ30 mm 外圆(图 1-71)→对刀(T0101 的 Z 向)→输入 O1513 号加工程序→自动加工→测量尺寸。

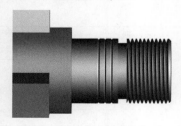

图 1-70 左端仿真加工结果

图 1-71 调头装夹

手柄仿真加工最终结果如图 1-72 所示。

图 1-72 手柄仿真加工最终结果

<h2>任务六 盘套类零件的编程及仿真加工</h2>

任务目标

一、任务描述

如图 1-73 所示为盘套类零件图,该零件材料为 45 钢,毛坯为 $\phi115$ mm×60 mm,使用 CKA6150 数控车床,单件生产,编写加工程序,运用 VNUC 软件进行仿真加工。

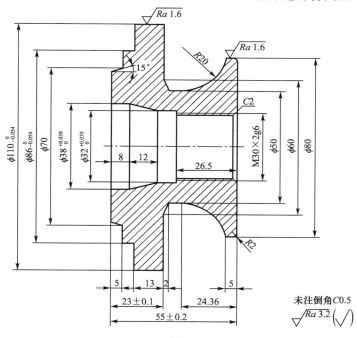

图 1-73 盘套类零件图

二、知识要求

1. 熟悉盘套类零件加工工艺。
2. 学习 G72 指令及应用。
3. 掌握 G41、G71 和 G76 指令在内轮廓加工中的应用。
4. 学习仿真加工中盘套类零件加工刀具的选择与对刀操作。

三、技能目标

1. 具有拟定盘套类零件工艺文件的能力。
2. 具有使用 G41、G71、G72 和 G76 指令编写盘套类零件加工程序的能力。
3. 具有使用仿真软件验证盘套类零件加工程序正确性的能力。

四、素质目标

1. 培养重视劳动、热爱劳动的价值观念。
2. 培养团队协同、勤奋努力的职业素养。

相关知识

一、加工工艺

知识导图

套类零件的加工表面既有外表面也有内表面，前面已经学习了外表面加工工艺，本任务重点学习内表面加工工艺。

1 内表面加工常用刀具

（1）常用钻具

中心钻如图 1-22(d) 所示，钻头如图 1-22(e) 所示，安装用钻夹头、变径套如图 1-74 所示。

（2）镗孔刀

常用镗孔刀如图 1-22(f) 所示。

（3）内螺纹刀

内螺纹刀如图 1-75 所示。

　　　（a）钻夹头　　　　　　　　（b）变径套

图 1-74　常用钻具　　　　　　　　　　　图 1-75　内螺纹刀

2 内表面加工切削用量选择

加工内表面时排屑困难，刀杆伸出长，刀头部分刚度低，容易产生振动，因此内表面切削用量比外表面低。

3 内表面加工的工步顺序

在实心材料上加工内表面，首先平端面，然后钻中心孔（精度不高时可以不钻中心孔），再选用合适的钻头钻孔，之后选用合理的镗刀粗精加工内轮廓表面，切内沟槽（必要时），最后粗精车内螺纹（必要时）。

二、编程基础

1 刀具补偿

（1）刀尖方位 T 值

刀尖方位如图 1-38 所示。外圆车刀刀尖方位 T 取 3，内孔车刀刀尖方位 T 取 2。

（2）刀具补偿指令

刀具补偿指令判别如图 1-37 所示。前置刀架，使用右车刀加工内轮廓一般使用 G41 指令，指令格式同前。

2 G71 粗车循环指令

参数说明同第 20 页。

注意：加工内表面时 Δu 为负值。

【例 1-15】　零件图如 1-76 所示，用 G71 指令编写左端内轮廓的粗加工程序。

粗加工程序见表 1-36。

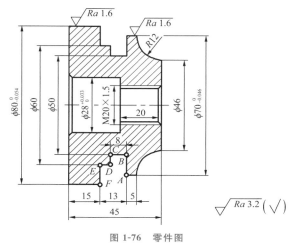

图 1-76　零件图

表 1-36　　粗加工程序

程　序	说　　明
O161	程序号
G40 G97 G99 M03 S500 F0.15;	主轴正转，转速为 500 r/min，进给量为 0.15 mm/r
T0101;	换 01 号 90°镗孔刀
M08;	切削液开
G41 G00 X16.0;	刀具快速定位至加工起点
Z5.0;	
G71 U1.0 R0.5;	定义 G71 粗车循环，切削深度为 1.0 mm，退刀量为 0.5 mm
G71 P10 Q20 U−0.3 W0.05;	精加工路线由 N10～N20 指定，X 向精加工工余量为 0.3 mm，Z 向精加工余量为 0.05 mm
N10 G00 X30.0;	精车轮廓
Z0;	
X27.984 Z−1.0;	
N20 Z−25.0;	
G40 G00 Z100.0;	快速退刀至换刀点，取消刀尖圆弧半径补偿
X100.0;	
M30;	程序结束并返回起点

3 G72——端面粗加工复合循环指令

（1）功能

该指令只需指定粗加工背吃刀量、退刀量、精加工余量和精加工路线，系统便可自动给出粗加工路线和加工次数。与 G71 指令不同的是，G72 指令沿与 X 轴平行的方向切削。图 1-77 所示为 G72 指令循环加工路线。其中 A 为刀具循环起点，执行粗加工复合循环时，刀具从 A 点移动到 C 点，粗车循环结束后，刀具返回 A 点。

（2）指令格式

G72 W(Δd) R(e);

G72 P(ns) Q(nf) U(Δu) W(Δw);

其中,Δd 为 Z 向的背吃刀量,不带符号且为模态值;其余参数意义与 G71 指令相同。

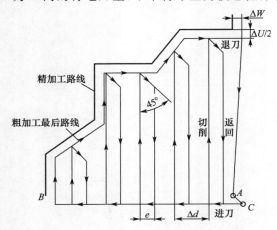

图 1-77 G72 指令循环加工路线

注意:

● 使用 G72 指令粗加工时,包含在 ns～nf 程序段中的 F、S 指令对粗车循环无效。

● 顺序号为 ns～nf 的程序段中不能有以下指令:除 G00、G01、G02、G03 外的其他 01 组 G 指令;子程序调用指令。

● 零件轮廓必须符合 X 轴、Z 轴方向同时单调增大或单调减小。

● ns～nf 程序段必须紧跟在 G72 程序段后编写,系统不执行在 G72 程序段与 ns 程序段之间的程序段。

● ns 程序段只能是不含 $X(U)$ 指令字的 G00、G01 指令。

(3)应用

G72 指令适合于 Z 向余量小、X 向余量大的棒料的粗加工。

【例 1-16】 零件图如 1-76 所示,用 G72 指令编写 A－F 轮廓的粗加工程序。

加工程序见表 1-37。

表 1-37 加工程序

程 序	说 明
O162	程序号
G40 G97 G99 M03 S400 F0.05;	主轴正转,转速为 400 r/min,进给量为 0.05 mm/r
T0303;	换 03 号切槽刀,刀宽为 4 mm
M08;	切削液开
G42 G00 X72.0;	刀具快速定位至加工起点
Z－12.0;	
G72 W1.5 R0.5;	定义 G72 粗车循环,切削深度为 1.5 mm,退刀量为 0.5 mm
G72 P10 Q20 U0.5 W0.05;	精加工路线由 N10～N20 指定,X 向精加工工余量为 0.5 mm,Z 向精加工余量为 0.05 mm
N10 G00 Z－21.0;	
G01 X50.0;	
Z－25.0;	
X60.0;	精车轮廓
Z－30.0;	
N20 X80.0;	
G40 G00 X100.0;	快速退刀至换刀点,取消刀尖圆弧半径补偿
Z100.0;	
M30;	程序结束并返回起点

4　G76 螺纹加工指令

内螺纹加工优先使用 G76 指令。

内螺纹 X 向的终点坐标是螺纹大径。

【例 1-17】　零件图如 1-76 所示，用 G76 指令编写内螺纹 M20×1.5 程序。

G76 P020060 Q30 R0.3；

G76 X20.0 Z－25.0 P975 Q350 F1.5；

三、仿真加工

1　毛坯选择

套类零件毛坯选择如图 1-78 所示。

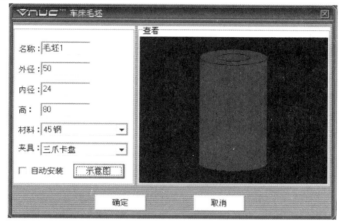

图 1-78　毛坯选择

2　钻头的选择与对刀操作

（1）钻头的选择（图 1-79）

图 1-79　钻头的选择

微　课

钻头的选择与
对刀操作

（2）钻头的对刀

①移动钻头至外圆表面与端面的交线，工件和刀具显示画面如图 1-80 所示。

图 1-80　钻头仿真对刀

②设置 X 向补正：输入 X 外圆直径值（如 X110.0），按【测量】键完成 X 向对刀。

③设置 Z 向补正：输入 Z0，按【测量】键完成 Z 向对刀。

3　镗孔刀的选择与对刀操作

（1）镗孔刀的选择如图 1-81 所示。

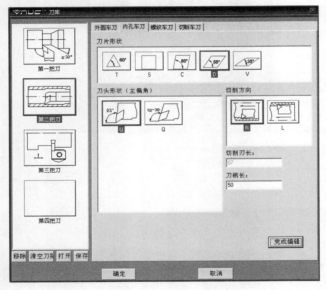

微 课

镗孔刀的选择与
对刀操作

图 1-81　选择镗孔刀

（2）镗孔刀的对刀

①试切内孔。

单击鼠标右键→显示快捷菜单→单击 1/2 剖面显示，如图 1-82（a）所示→试切削内孔，工件和刀具位置显示界面如图 1-82（b）所示。

②测量试切直径。

③设置 X 向补正。

④移动刀具至内孔与端面交线，如图 1-82（c）所示，试切削端面。

⑤设置 Z 向补正。

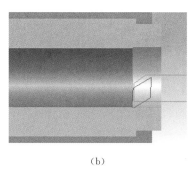
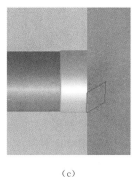

(a)   (b)   (c)

图 1-82   镗孔刀试切削内孔

④ 内螺纹刀的选择与对刀操作

微 课

内螺纹刀的选择
与对刀操作

(1)内螺纹刀的选择(图 1-83)

(2)内螺纹刀的对刀

①单击鼠标右键→显示快捷菜单→单击 1/2 剖面显示→移动刀具至内孔表面与端面的交线,工件和刀具显示界面如图 1-84 所示。

②设置 X 向补正:输入 X 内孔的直径值(如 X25.399),按【测量】键完成 X 向对刀。

③设置 Z 向补正:输入 Z0,按【测量】键完成 Z 向对刀。

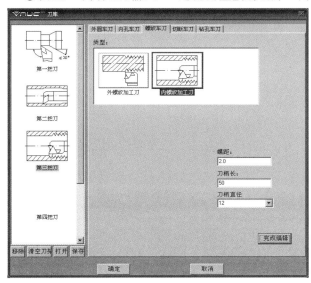

图 1-83   内螺纹刀的选择

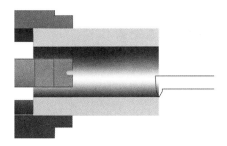

图 1-84   内螺纹刀的对刀

任务实施

一、图样分析

零件加工面主要有 $\phi110_{-0.054}^{0}$ mm、$\phi86_{-0.054}^{0}$ mm、$\phi80$ mm、$\phi50$ mm 外圆面,$R20$ mm 圆弧,$\phi38_{0}^{+0.039}$ mm、$\phi32_{0}^{+0.039}$ mm 内孔表面,M30×2g6 内螺纹等,表面粗糙度为 Ra 1.6 μm 和

$Ra\ 3.2\ \mu m$。与任务六对比增加了端面粗精加工和内螺纹的编程及仿真加工。

二、加工工艺方案制定

① 加工方案

（1）采用三爪卡盘装卡，零件伸出卡盘 45 mm 左右。

（2）粗精加工零件左侧外轮廓至尺寸要求。

（3）粗精加工零件左侧内轮廓至尺寸要求。

（4）调头装夹工件 $\phi 110_{-0.054}^{0}$ mm 外圆，保证工件总长。

（5）粗精加工零件右侧外轮廓至尺寸要求。

（6）粗精加工零件右侧内轮廓至尺寸要求。

② 刀具选用

盘套类零件数控加工刀具卡见表 1-38。

表 1-38   盘套类零件数控加工刀具卡

零件名称		盘套类零件		零件图号			1-73
序号	刀具号	刀具名称	数量	加工表面	刀尖半径 R/mm	刀尖方位 T	备注
1	T01	90°外圆车刀	1	粗、精车外轮廓	0.4	3	
2	T02	镗孔刀	1	粗、精车内轮廓	0.4	2	
3	T03	4 mm 切槽刀	1	粗、精车右端凹轮廓			
4	T04	60°内螺纹刀	1	粗、精车内螺纹			
5	手动	中心钻头	1	钻中心孔			
6	手动	钻头	1	钻孔			$\phi 20$ mm
编制		审核		批准		日期	共 1 页 第 1 页

③ 加工工序

盘套类零件数控加工工序卡见表 1-39。

表 1-39   盘套类零件数控加工工序卡

单位名称				零件名称	零件图号
				盘套类零件	1-73
程序号	夹具名称		使用设备	数控系统	场地
O1611 至 O1614	三爪卡盘		CKA6150	FANUC 0i-Mate	数控实训中心
工步号	工步内容		刀具号	主轴转速 n/(r·min^{-1})	进给量 F/(mm·r^{-1}) 背吃刀量 a_p/mm 备注

工步号	工步内容	刀具号	主轴转速 n/(r·min^{-1})	进给量 F/(mm·r^{-1})	背吃刀量 a_p/mm	备注
1	装卡零件并找正					
2	钻中心孔		900			手动
3	钻孔		350			
4	对刀					
5	粗车左外轮廓，留余量 1 mm	T01	600	0.2	1.5	O1611
6	精车左外轮廓	T01	1 000	0.1	0.5	

续表

工步号	工步内容	刀具号	主轴转速 $n/(\mathrm{r \cdot min^{-1}})$	进给量 $F/(\mathrm{mm \cdot r^{-1}})$	背吃刀量 a_p/mm	备注
7	粗车左内轮廓,留余量 0.6 mm	T02	500	0.15	1.0	O1612
8	精车左内轮廓	T02	800	0.08	0.3	
9	调头装夹并找正					手动
10	对刀					
11	粗车右外轮廓,留余量 1 mm	T01	600	0.2	1.5	O1613
12	精车右外 $\phi 80$ mm 轮廓	T01	1 000	0.1	0.5	
13	粗车右外凹轮廓,留余量 1 mm	T03	400	0.05	1.5	
14	精车右外凹轮廓	T03	800	0.04	0.5	
15	粗车左内轮廓,留余量 0.6mm	T02	500	0.15	1.0	O1614
16	精车左内轮廓	T02	800	0.08	0.3	
17	粗精车内螺纹孔	T04	500	2		
编制	审核	批准	日期		共 1 页	第 1 页

三、编制加工程序

盘套类零件加工程序见表 1-40 至表 1-43。

表 1-40 左侧外轮廓加工程序

程 序	说 明
O1611	程序号
G40 G97 G99 M03 S600 F0.2;	主轴正转,转速为 600 r/min,进给量为 0.2 mm/r
T0101;	换 01 号 90°外圆车刀
G00 Z5.0; X115.0;	刀具快速点定位至粗加工复合循环起点
M08;	切削液开
G71 U1.5 R0.5;	定义粗车循环切削深度 1.5 mm,退刀量为 0.5 mm
G71 P10 Q20 U0.5 W0.05;	精车路线由 N10~N20 指定,X 向精车余量为 0.5 mm,Z 向精车余量为 0.05 mm
N10 G00 X20.0; G01 Z0; X67.32; X70.0 Z−5.0; X85.973; Z−10.0; X109.973; N20 Z−30.0;	精车轮廓
G00 X150.0; Z150.0;	快速退刀至换刀点
M05;	主轴停止
M00;	程序暂停
M03 S1000 T0101 F0.1;	主轴正转,转速为 1 000 r/min,进给量为 0.1 mm/r,调用 01 号 90°外圆车刀
G00 G42 Z5.0; X115.0;	刀具快速点定位至粗加工复合循环起点,建立刀具半径右补偿
G70 P10 Q20;	精加工复合循环
G00 G40 X150.0; Z150.0;	快速退刀至换刀点,取消刀具半径补偿
M30;	程序结束并返回起点

表 1-41　　　　　　　　　　　　左侧内轮廓加工程序

程　序	说　明
O1612	程序号
G40 G97 G99 M03 S500 F0.15;	主轴正转,转速为 500 r/min,进给量为 0.15 mm/r
T0202;	换 02 号 90°镗孔刀
G00 X20.0;	刀具快速点定位至加工复合循环起点
Z5.0;	
M08;	切削液开
G71 U1.0 R0.5;	定义粗车循环切削深度为 1.0 mm,退刀量为 0.5 mm
G71 P10 Q20 U−0.3 W0.05;	精车路线由 N10～N20 指定,X 向精车余量为 0.3 mm,Z 向精车余量为 0.05 mm
N10 G00 X38.02;	
G01 Z0;	
Z−8.0;	精车轮廓
X32.02 W−12.0;	
N20 Z−30.0;	
G00 Z150.0;	快速退刀至换刀点
X150.0;	
M05;	主轴停止
M00;	程序暂停
M03 S800 T0202 F0.08;	主轴正转,转速为 800 r/min,进给量为 0.08 mm/r,调用 02 号 90°镗孔刀
G00 G41 X20.0;	刀具快速点定位至外圆粗加工复合循环起点,建立刀具半径左补偿
Z5.0;	
G70 P10 Q20;	精加工复合循环
G00 G40 Z150.0;	快速退刀至换刀点,取消刀具半径补偿
X150.0;	
M30;	程序结束并返回起点

表 1-42　　　　　　　　　　盘套类零件右侧外轮廓加工程序

程　序	说　明
O1613	程序号
G40 G97 G99 M03 S600 F0.2;	主轴正转,转速为 600 r/min,进给量为 0.2 mm/r
T0101;	换 01 号 90°外圆车刀
G00 Z5.0;	刀具快速点定位至外圆粗加工复合循环起点
X115.0;	
M08;	切削液开
G71 U1.5 R0.5;	定义粗车循环切削深度为 1.5 mm,退刀量为 0.5 mm
G71 P10 Q20 U0.5 W0.05;	精车路线由 N10～N20 指定,X 向精车余量为 0.5 mm,Z 向精车余量为 0.05 mm
N10 G00 X20.0;	
G01 Z0;	
X76.0;	精车轮廓
G03 X80.0 Z−2.0 R2.0;	
N20 G01 Z−32.0;	
G00 X150.0;	快速退刀至换刀点
Z150.0;	
M05;	主轴停止
M00;	程序暂停
M03 S1000 T0101 F0.1;	主轴正转,转速为 1 000 r/min,进给量为 0.1 mm/r,调用 01 号 90°外圆车刀
G00 G42 Z5.0;	刀具快速点定位至外圆粗加工复合循环起点,建立刀具半径右补偿
X115.0;	
G70 P10 Q20;	精加工复合循环
G00 G40 X150.0;	快速退刀至换刀点,取消刀具半径补偿
Z150.0;	

续表

程　序	说　明
M05；	主轴停止
M00；	程序暂停
M03 S400 T0303 F0.05；	主轴正转,转速为 400 r/min,进给量为 0.05 mm/r,换 03 号切槽刀
G00 Z5.0；	刀具快速点定位至端面粗加工复合循环起点
X82.0；	
M08；	切削液开
G72 W1.5 R0.5；	定义粗车循环切削深度为 1.5 mm,退刀量为 0.5 mm
G72 P30 Q40 U0.5 W0.05；	精车路线由 N30～N40 指定,X 向精车余量为 0.5 mm,Z 向精车余量为 0.05 mm
N30 G00 Z−9.0；	
G01 X80.0；	
G02 X50.0 Z−28.36 R20.0；	精车轮廓
G01 Z−30.0；	
N40 X60.0 W−2.0；	
G00 X150.0；	快速退刀至换刀点
Z150.0；	
M05；	主轴停止
M00；	程序暂停
M03 S800 T0303 F0.04；	主轴正转,转速为 800 r/min,进给量为 0.04 mm/r,换 03 号切槽刀
G00 G42 Z5.0；	刀具快速点定位至端面粗加工复合循环起点,建立刀具半径右补偿
X82.0；	
M08；	切削液开
G70 P30 Q40；	精加工复合循环
G00 G40 X150.0；	快速退刀至换刀点,建立刀具半径补偿
Z150.0；	
M30；	程序结束并返回起点

表 1-43　　　　　　　　　　盘套类零件右侧内轮廓加工程序

程　序	说　明
O1614	程序号
G40 G97 G99 M03 S500 F0.15；	主轴正转,转速为 500 r/min,进给量为 0.15 mm/r
T0202；	换 02 号 90°镗孔刀
G00 X20.0；	刀具快速点定位至粗加工复合循环起点
Z5.0；	
M08；	切削液开
G71 U1.0 R0.5；	定义粗车循环切削深度为 1.0 mm,退刀量为 0.5 mm
G71 P10 Q20 U−0.3 W0.05；	精车路线由 N10～N20 指定,X 向精车余量为 0.3 mm,Z 向精车余量为 0.05 mm
N10 G00 X35.0；	
G01 Z0；	
X32.0；	精车轮廓
X28.0 W−2.0；	
N20 Z−28.0；	
G00 Z150.0；	快速退刀至换刀点
X150.0；	
M05；	主轴停止

程　序	说　明
M00；	程序暂停
M03 S800 T0202 F0.08；	主轴正转,转速为 800 r/min,进给量为 0.08 mm/r,调用 02 号 90°镗孔刀
G00 G41 X28.0；	刀具快速点定位至粗加工复合循环起点,建立刀具半径左补偿
Z5.0；	
G70 P10 Q20；	精加工复合循环
G00 G40 Z150.0；	快速退刀至换刀点,取消刀具半径补偿
X150.0；	
M05；	主轴停止
M00；	程序暂停
M03 S500 T0404；	主轴正转,转速为 500 r/min,换 04 号内螺纹车刀
G00 X20.0；	刀具快速点定位至螺纹加工复合循环起点
Z5.0；	
M08；	切削液开
G76 P020060 Q30 R0.03；	内螺纹切削复合循环指令
G76 X30.0 Z−28.0 P1300 Q400 F2.0；	
G00 Z150.0；	快速退刀至换刀点
X150.0；	
M30；	程序结束并返回起点

四、仿真加工

仿真加工的工作过程如下:

(1)启动软件→选择机床→回零→设置工件并安装→装钻头→手动钻通孔。

(2)装外圆车刀(T01)、镗孔刀(T02)→对刀(T0101、T0202)→输入 O1711 和 O1712 号加工程序→自动加工→测量尺寸。

(3)调头装夹工件→装切槽刀(T03)→对刀(T0101、T0303)→输入 O1713 号加工程序→自动加工→测量尺寸。

(4)装内螺纹刀(T04)→对刀(T0202、T0404)→输入 O1714 号加工程序→自动加工→测量尺寸。

盘套类零件仿真加工结果如图 1-85 所示。

微课

盘套类零件
仿真加工

(a)　　　　　　　　　　　　(b)

图 1-85　盘套类零件仿真加工结果

任务七 曲面轴零件的编程及仿真加工

任务目标

一、任务描述

如图 1-86 所示为曲面轴零件图,该零件材料为 45 钢,毛坯 ϕ40 mm × 70 mm,使用 CKA6150 数控车床,单件生产,编写加工程序,运用 VNUC 软件进行仿真加工。

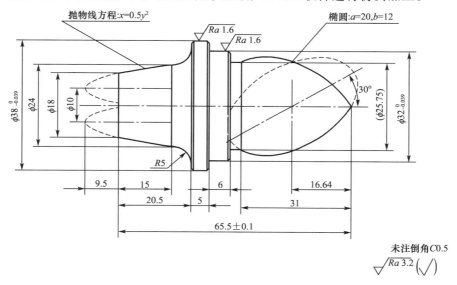

图 1-86　曲面轴零件图

二、知识目标

1. 熟悉曲面轴零件加工工艺。
2. 学习运用变量编写加工程序的方法。

三、技能目标

1. 具有读图和识图的能力。
2. 具有使用宏指令编写曲面轴零件加工程序的能力。
3. 具有使用仿真软件验证曲面轴零件加工程序正确性的能力。

四、素质目标

1. 树立安全意识、质量意识和效率意识。
2. 培育敢于担当、乐于奉献的优秀品质。

■ **相关知识**

一、宏程序

1　宏程序与普通程序

一般意义的数控指令是指 ISO 代码指令,每个代码的功能是固定的,由系统生产厂家开发,使用者按照规定编程即可。宏程序可以让用户使用变量进行算术运算、逻辑运算和函数的混合运算,此外还提供了循环语句、分支语句和子程序调用语句。

普通程序和宏程序的对比见表 1-44。

表 1-44　　　　　　　　普通程序与宏程序的对比

普通程序	宏程序
只能使用常量	可以使用变量,并给变量赋值
常量之间不可以运算	变量之间可以运算
程序只能顺序执行,不能跳转	程序之间可以跳转

2　宏程序编程的技术特点

(1)将有规律的形状或尺寸用最短的程序段表示。

(2)具有灵活性、通用性和智能性等特点,操作者自由调整空间大。

(3)宏程序具有模块化的思想,编程人员根据零件的几何信息和不同的数学模型即可完成相应的加工程序设计,避免大量重复、烦琐的编程工作。

二、FANUC 0i 系统的用户宏程序

用户宏程序分为 A、B 两类,通常情况下,FANUC OTD 系统采用 A 类宏程序,FANUC 0i 系统采用 B 类宏程序。由于 A 类宏程序不直观,可读性差,实际使用较少;而 B 类宏程序具有赋值及数学运算功能,应用较广。本任务以 B 类宏程序为例介绍宏程序编程方法。

1　变量的定义

使用用户宏程序时,数值可以直接指定或用变量指定,变量需用变量符号"♯"和后面的变量号指定,例如:♯10。

2　变量的类型

FANUC 0i 系统的变量类型见表 1-45。

表 1-45　　　　　　　　FANUC 0i 系统的变量类型

变量名		类型	功　能
♯0		空变量	该变量总是空,没有值能赋予该变量
用户变量	♯1～♯33	局部变量	局部变量用来在宏程序中存储数据,例如运算结果等;断电时,局部变量清除(初始化为"0"),可以在程序中对其赋值
	♯100～♯199 ♯500～♯999	公共变量	公共变量在不同的宏程序中的意义相同。断电时,♯100～♯199 清除,通电时复位到"0";而♯500～♯999 数据,即使在断电时也不清除
♯1000 以上		系统变量	系统变量用于读和写 CNC 内部数据,例如刀具当前位置和补偿值等

③ 算术与逻辑运算

算术运算主要是指加、减、乘、除、函数等,见表1-46。

表 1-46　　　　　　　　　　　　　　算术与逻辑运算一览表

功　能		格　式	备　注
定义、赋值		#i＝#j	
算术运算	加法	#i＝#j＋#k	
	减法	#i＝#j－#k	
	乘法	#i＝#j＊#k	
	除法	#i＝#j/#k	
	正弦	#i＝SIN[#j]	
	反正弦	#i＝ASIN[#j]	
	余弦	#i＝COS[#j]	
	反余弦	#i＝ACOS[#j]	
	正切	#i＝TAN[#j]	
	反正切	#i＝ATAN[#j]	三角函数及反三角函数的数值均以度为单位来指定,
	平方根	#i＝SQRT[#j]	如 90°30′应表示为 90.5°
	绝对值	#i＝ABS[#j]	
	舍入	#i＝ROUND[#j]	
	指数函数	#i＝EXP[#j]	
	(自然)对数	#i＝LN[#j]	
	上取整	#i＝FIX[#j]	
	下取整	#i＝FUP[#j]	
逻辑运算	与	#i AND #j	
	或	#i OR #j	
	异或	#i XOR #j	
	等于	#i EQ #j	EQUAL
	不等于	#i NE #j	NOT EQUAL
	大于	#i GT #j	GREATER THAN
	小于	#i LT #j	LESS THAN
	大于或等于	#i GE #j	GREATER THAN OR EQUAL
	小于或等于	#i LE #j	LESS THAN OR EQUAL

④ 变量的赋值

赋值是将一个数据赋予一个变量。例如:#10＝0,则表示将"0"赋给#10。赋值的规律如下:

(1)赋值号"＝"两边内容不能互换,左边只能是变量,右边可以是表达式、数值或变量。

(2)一个赋值语句只能给一个变量赋值。

(3)可以多次给一个变量赋值,新变量值将取代原变量值。

(4)赋值语句具有运算功能,一般形式为:变量＝表达式。

(5)赋值表达式的运算顺序与数学运算顺序相同。

⑤ 转移和循环

(1)GOTO 无条件转移语句

指令格式:GOTO n　　n 为顺序号(1～9 999)。

例如,GOTO 99 表示转移至第 99 行。

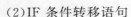
(2)IF 条件转移语句

①IF[＜条件表达式＞]GOTO n

表示如果满足指定的条件表达式,则转移(跳转)至标有顺序号 n(行号)的程序段。如果不满足指定的条件表达式,则顺序执行下一个程序段。

②IF[＜条件表达式＞] THEN

如果满足指定的条件表达式,则执行预先指定的宏程序语句,而且只执行一个宏程序语句。

例如, IF [♯1 EQ ♯2] THEN ♯3＝10 表示如果♯1 和♯2 的值相同,将"10"赋值给♯3。

(3)WHILE 循环语句

在 WHILE 后指定一个条件表达式,当指定条件满足时,则执行从 DO 到 END 之间的程序段,否则转到 END 后的程序段。

DO 后面的号是指定程序执行范围的标号,标号值为 1,2,3。在 DO～END 循环中的标号(1～3)可根据需要多次使用。

注意:

● DO m 和 END m 必须成对使用。

● 指定 DO 而没有指定 WHILE 语句时,将产生从 DO 到 END 之间的无限循环。

● 使用 EQ 或 NE 的条件表达式时,值为空或零将会有不同的效果。而在其他形式的条件表达式中,空即被当作零。

● IF 条件转移语句和 WHILE 循环语句的关系:两者是从正反两个方面描述同一件事情,具有一定的相互替代性,IF 条件转移语句受到系统的限制相对更少,使用更灵活。

三、数控车床宏程序应用

1 椭圆编程

零件如图 1-87 所示,毛坯尺寸 φ30 mm×60 mm,编写加工程序。

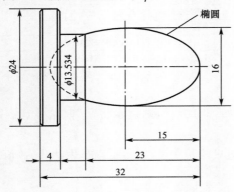

微课

椭圆编程

图 1-87　椭圆加工例题

(1)工艺分析

由图可知椭圆长半轴 $a=15$,短半轴 $b=8$,椭圆加工的长度为 23 mm。

椭圆的标准方程为

$$\frac{x^2}{a^2}+\frac{y^2}{b^2}=1$$

将标准方程转化为机床坐标系的标准方程为

$$\frac{Z^2}{a^2}+\frac{X^2}{b^2}=1$$

假设长度方向上的变量是已知的,将机床坐标系的标准方程转化为用含有 Z 的变量来表示 X:

$$X = b \times \frac{\sqrt{a^2 - Z^2}}{a}$$

编写程序时设定 $\#1$ 为 X 轴变量,设定 $\#2$ 为 Z 轴变量,设定 $\#3$ 为最大切削余量。

注意:

● 程序中用变量 $\#2$ 控制 Z 轴方向的尺寸,它决定着加工的起点和循环的终点。在编写宏程序时,通常是把数学公式椭圆中心点作为判断语句的控制点,最后在进行插补的语句中将原点移回工件坐标系。

● 在子程序中用 $\#2 = \#2 - 0.1$ 控制插补及进行判断和计算的单位,系统每插补0.1 mm 就要进行判断和计算。步长越大,计算量越小。根据实际加工的情况,步长在 $0.1 \sim 0.5$ 较为适宜。

● 当零件的长、短轴与本例相反时,需要调整数学公式;当用含有 X 的已知量来表达 Z 时,也需要及时调整数学公式。

(2)加工程序

椭圆部分加工程序见表 1-47 和表 1-48。

表 1-47　　　　　　　　　　　　　　　　椭圆加工主程序

程　序	说　明
O1721	程序号
G40 G97 G99 M03 S600 F0.2;	主轴正转,转速为 600 r/min,进给量为 0.2 mm/r
T0101;	换 01 号 90°外圆车刀
M08;	冷却液开
G00 Z5.0;	刀具快速点定位至循环起点
X28.0;	
$\#3 = 14.0$;	设置单边最大切削余量14 mm
N10 IF［$\#3$ LT 1.0］GOTO 11;	切削余量小于1,跳转到 N11
M98 P1722;	调用椭圆子程序
$\#3 = \#3 - 2.0$;	每次背吃刀量单边 2 mm
GOTO 10;	跳转到 N10 程序段
N11 G00 X100.0;	快速退刀至换刀点
Z100.0;	
M05;	主轴停止
M00;	程序暂停
G40 G97 G99 M03 S1000 F0.1;	主轴正转,转速为 1 000 r/min,进给量为 0.1 mm/r
T0101;	换 01 号 90°外圆车刀
G00 Z5.0;	刀具快速点定位至循环起点
X28.0;	
G01 X0;	直线插补至工件端面
Z0;	直线插补至椭圆顶点
M98 P1722;	调用椭圆子程序
G00 X100.0;	快速退刀至换刀点
Z100.0;	
M30;	程序结束并返回起点

表 1-48　　　　　　　　　　　　　椭圆加工子程序

程序	说明
O1722	子程序号
#1＝0;	定义 X 变量并赋初始值
#2＝15.0;	Z 轴起始尺寸
WHILE [#2 GE −8.0] DO 1;	判断是否走到 Z 轴终点
#1＝8.0 * SQRT[15.0 * 15.0−#2 * #2]/15.0;	X 变量
G01 X[2 * #1+#3] Z[#2−15.0];	椭圆插补
#2＝#2−0.1;	Z 轴步距，每次 0.1 mm
END 1;	程序跳转
G01 W−5.0;	直线插补切削 φ13.534 mm 外圆
G00 U14.0;	X 向退刀
Z5.0;	Z 向退刀至 Z5
M99;	子程序结束

2　抛物线编程

零件如图 1-88 所示，毛坯尺寸 φ40 mm×62 mm，编写抛物线部分的加工程序。

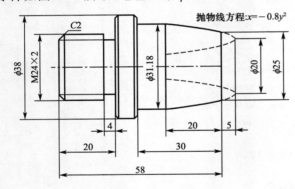

图 1-88　抛物线加工例题

（1）工艺分析

从图可知抛物线的顶点距离工件右侧端面 5 mm，加工长度为 20 mm。

抛物线方程 $x=-0.8y^2$ 转化为机床坐标系的标准方程为 $Z=-0.8X^2$。

再用变量 Z 来表示 X，即 $X=\sqrt{-Z/0.8}$。利用条件语句及调用子程序方法进行粗加工，最后调用子程序进行精加工。

（2）加工程序

抛物线部分加工程序见表 1-49 和表 1-50。

表 1-49 抛物线加工主程序

程 序	说 明
O1731	程序号
G40 G97 G99 M03 S600 F0.2;	主轴正转,转速为 600 r/min,进给量为 0.2 mm/r
T0101;	换 01 号 90°外圆车刀
M08;	切削液开
G00 Z5.0;	刀具快速点定位至循环起点
X20.0;	
#3＝20.0;	设置单边最大切削余量 20 mm
N10 IF［#3 LT 1.0］GOTO 11;	切削余量小于 1,则跳转到 N11
M98 P1732;	调用抛物线子程序 O1732
#3＝#3－2.0;	每次背吃刀量单边 2 mm
GOTO 10;	跳转到 N10
N11 G00 X100.0;	快速退刀至换刀点
Z100.0;	
M05;	主轴停止
M00;	程序暂停
G40 G97 G99 M03 S1000 F0.1;	主轴正转,转速为 1 000 r/min,进给量为 0.1 mm/r
T0101;	换 01 号 90°外圆车刀
M08;	切削液开
G00 Z5.0;	刀具快速点定位至循环起点
X38.0;	
G00 X0;	刀具移动至(0,−5)
G01 Z−5.0;	
X25.0;	直线插补至(25,0)
M98 P1732;	调用子程序 O1732
G00 X100.0;	快速退刀至换刀点
Z100.0;	
M30;	程序结束并返回起点

表 1-50 抛物线加工子程序

程 序	说 明
O1732	子程序号
#1＝0;	定义 X 变量并赋初始值
#2＝−5.0;	Z 轴起始尺寸
WHILE［#2 GE −25.0］DO 1;	判断是否走到 Z 轴终点
#1＝SQRT［−#2/0.8］;	数学公式转换成编程变量
G01 X［2＊#1＋20.0＋#3］Z［#2＋5.0］;	抛物线插补
#2＝#2−0.1;	Z 轴步距,每次 0.1mm
END 1;	程序跳转
G01 W−10.0;	直线插补切削 ϕ31.18 mm 外圆
G00 U18.0;	X 向退刀
Z5.0;	Z 向退刀至 Z5
M99;	子程序结束

任务实施

一、图样分析

曲面轴零件图如图 1-86 所示,零件加工表面有椭圆、抛物线、$R5$ mm 圆弧、$\phi38_{-0.039}^{0}$ mm 外圆、$\phi32_{-0.039}^{0}$ mm 外圆、$\phi24$ mm 外圆、$\phi25.75$ mm 外圆等,$\phi38_{-0.039}^{0}$ mm 外圆、$\phi32_{-0.039}^{0}$ mm 外圆要求表面粗糙度为 $Ra1.6$ μm,其他表面粗糙度为 $Ra3.2$ μm。与前面任务对比,增加了变量的使用与编程。

二、加工工艺方案制定

1 **加工方案**

(1)采用三爪卡盘装卡,零件伸出卡盘 50 mm 左右。
(2)加工零件右端轮廓至尺寸要求。
(3)调头装夹 $\phi32_{-0.039}^{0}$ mm 外圆,保证工件总长。
(4)加工零件左端轮廓至尺寸要求。

2 **刀具选用**

曲面轴零件数控加工刀具卡见表 1-51。

表 1-51   曲面轴零件数控加工刀具卡

零件名称		曲面轴零件		零件图号		1-86		
序号	刀具号	刀具名称	数量	加工表面	刀尖半径 R/mm	刀尖方位 T	备注	
1	T01	90°外圆车刀	1	粗、精车外轮廓	0.4	3	刀尖角 55°	
编制		审核		批准		日期	共 1 页	第 1 页

3 **加工工序**

曲面轴零件数控加工工序卡见表 1-52。

表 1-52   曲面轴零件数控加工工序卡

单位名称				零件名称		零件图号	
				曲面轴零件		1-86	
程序号		夹具名称	使用设备	数控系统		场地	
O1711 和 O1712		三爪卡盘	CKA6150	FANUC 0i-Mate		数控实训中心	
工步号	工步内容			刀具号	主轴转速 n/(r·min⁻¹)	进给量 F/(mm·r⁻¹)	背吃刀量 a_p/mm	备注
1	装夹零件并找正							手动
2	手动对刀							
3	粗车右侧轮廓,留余量 1 mm			T01	600	0.2	1.5	O1711
4	精车右侧轮廓			T01	1 000	0.1	0.5	
5	调头装夹并找正							手动
6	手动对刀							
7	粗车左侧轮廓,留余量 1 mm			T01	600	0.2	1.5	O1712
8	精车左侧轮廓			T01	1 000	0.1	0.5	
编制		审核	批准	日期		共 1 页	第 1 页

三、编制加工程序

1 变量设置

用♯1定义旋转椭圆上短轴 Y 向变量。

用♯2定义旋转椭圆上长轴 X 向变量,则

♯1＝12.0＊SQRT[20.0＊20.0－♯2＊♯2]/20.0

旋转椭圆坐标系如图1-89所示,旋转之后的椭圆在 XOZ 坐标系下的数学公式为

$$Z=x\cos\theta－y\sin\theta, X=x\sin\theta+y\cos\theta$$

工件坐标系中的 X、Z 分别用♯3、♯4表示,旋转角度顺时针为正,逆时针为负,则

♯3＝♯2＊SIN[－30]＋♯1＊COS[－30]

♯4＝♯2＊COS[－30]－♯1＊SIN[－30]

椭圆加工的起点 A、终点 B 旋转后与椭圆中心的距离如图1-89所示,分别为14.35和18.8。

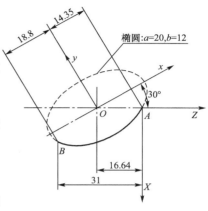

图1-89 旋转椭圆坐标系

2 加工程序

曲面轴零件加工程序见表1-53和表1-54。

表 1-53 　　　　　　　　　　　　曲面轴右端加工程序

程 序	说 明
O1711	程序号
G40 G97 G99 M03 S600 F0.2;	主轴正转,转速为600 r/min,进给量为0.2 mm/r
T0101;	换01号90°外圆车刀
G00 Z5.0;	刀具快速点定位至固定形状粗车复合循环起点
X40.0;	
M08;	切削液开
G73 U20.0 W0.05 R10;	定义粗车循环,X向总退刀量为20.0 mm,Z向总退刀量为0.05 mm,切削循环10次
G73 P10 Q20 U0.5 W0.05;	精车路线由N10～N20指定,X向精车余量为0.5 mm,Z向精车余量为0.05 mm
N10 ♯1＝0;	定义椭圆短轴 y 变量并赋初始值
♯2＝14.35;	椭圆长轴 x 轴起始尺寸
WHILE [♯2 GE －18.8] DO 1;	判断是否走到 X 轴终点
♯1＝12.0＊SQRT[20.0＊20.0－♯2＊♯2]/20.0;	短轴 y 变量
♯3＝♯2＊SIN[－30]＋♯1＊COS[－30];	工件坐标系中 X 坐标
♯4＝♯2＊COS[－30]－♯1＊SIN[－30];	工件坐标系中 Z 坐标
G01 X[2＊♯3] Z[♯4－16.64];	椭圆插补
♯2＝♯2－0.1;	椭圆长轴 x 轴步距,每次0.1 mm
END 1;	程序跳转
G01 W－5.0;	直线插补切削 ϕ25.75 mm外圆
X30.0;	直线插补切削端面
X31.98 W－1.0;	直线插补切削倒角
Z－40.0;	直线插补切削 ϕ32 mm外圆

续表

程 序	说 明
O1711	程序号
X36.0;	直线插补切削端面
X37.98 W−1.0;	直线插补切削倒角
N20 Z−50.0;	直线插补切削 ϕ38 mm 外圆
G00 X100.0;	快速退刀至换刀点
Z100.0;	
M05;	主轴停止
M00;	程序暂停
M03 S1000 T0101 F0.1;	主轴正转,转速为 1 000 r/min,进给量为 0.1 mm/r,调用 01 号 90°外圆车刀
G42 G00 Z5.0;	刀具快速点定位至固定形状粗车复合循环起点,建立刀尖圆弧半径右补偿
X40.0;	
G70 P10 Q20;	精加工复合循环
G40 G00 X100.0;	快速退刀至换刀点,取消刀尖圆弧半径补偿
Z100.0;	
M30;	程序结束并返回起点

表 1-54　　　　　　　　　　曲面轴左端加工程序

程 序	说 明
O1712	程序号
G40 G97 G99 M03 S600 F0.2;	主轴正转,转速为 600 r/min,进给量为 0.2 mm/r
T0101;	换 01 号 90°外圆车刀
G00 Z5.0;	刀具快速点定位至固定形状粗车复合循环起点
X40.0;	
M08;	切削液开
G73 U20.0 W0.05 R10;	定义粗车循环,X 向总退刀量为 20.0 mm,Z 向总退刀量为 0.05 mm,切削循环 10 次
G73 P10 Q20 U0.5 W0.05;	精车路线由 N10～N20 指定,X 向精车余量为 0.5 mm,Z 向精车余量为 0.05 mm
N10 G00 X0;	刀具快速点定位至编程零点
G01 Z0;	
#1=0;	定义 X 变量并赋初始值
#2=−9.5;	Z 轴起始尺寸
WHILE [#2 GE −24.5] DO 1;	判断是否走到 Z 轴终点
#1=SQRT[−#2/0.5];	数学公式转换成编程变量
G01 X[2 * #1+10.0] Z[#2+9.5];	抛物线插补
#2=#2−0.1;	Z 轴步距,每次 0.1 mm
END 1;	程序跳转
G01 W−0.5;	直线插补切削 ϕ24 mm 外圆
G02 X34.0 W−5.0 R5.0;	顺时针圆弧插补切削 R5 mm 圆弧
G01 X36.0;	直线插补切削端面
X37.98 W−1.0;	直线插补切削倒角
N20 X40.0;	直线插补切削端面

续表

程序	说　明
G00 X100.0；	快速退刀至换刀点
Z100.0；	
M05；	主轴停止
M00；	程序暂停
M03 S1000 T0101 F0.1；	主轴正转，转速为 1 000 r/min，进给量为 0.1 mm/r
G42 G00 Z5.0；	刀具快速点定位至固定形状粗车复合循环起点，建立刀尖圆
X40.0；	弧半径右补偿
M08；	切削液开
G70 P10 Q20；	精加工复合循环
G40 G00 X100.0；	快速退刀至换刀点，取消刀尖圆弧半径补偿
Z100.0；	
M30；	程序结束并返回起点

四、仿真加工

仿真加工的工作过程如下：

(1)启动软件→选择机床→回零→设置工件并安装→装刀(T01)→输入 O1711 加工程序→对刀(T0101)→自动加工→测量尺寸。

(2)工件调头装夹→输入 O1712 加工程序→对刀(T0101)→自动加工→测量尺寸。

曲面轴零件仿真加工结果如图 1-90 所示。

微　课

曲面轴零件
仿真加工

图 1-90　曲面轴零件仿真加工结果

任务八　配合件的编程及仿真加工

任务目标

一、任务描述

零件图与装配图如图 1-91 所示，工件 1 毛坯 ϕ85 mm×145 mm，工件 2 毛坯 ϕ60 mm×

45 mm,材料均为 45 钢,图中未注倒角 C_1,锐角倒钝,为配合零件编写加工程序,运用 VNUC 软件进行仿真加工。

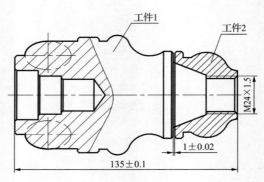

(a)装配图

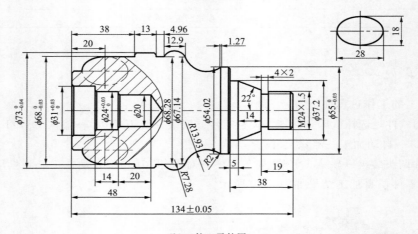

(b)工件 1 零件图

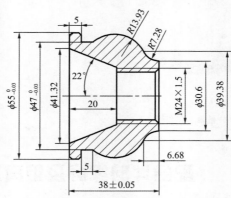

(c)工件 2 零件图

图 1-91　配合件的装配图及零件图

二、知识目标

1.熟悉配合件加工工艺知识。

2.学习配合件编程技巧。

三、技能目标

1. 具有提高配合件加工精度的能力。

2. 具有保证配合尺寸的能力。

3. 具有配合尺寸检测的能力。

四、素质目标

1. 培养锐意进取、求新求变的创新精神。

2. 锻炼团队沟通能力,提高团队协作意识。

相关知识

一、配合件加工精度的提高方法

1 编程方面

(1)对于不同材质的零件,考虑各单件的加工精度、配合件的配合精度及工件加工过程中的装夹与找正等各方面因素,明确各工件的加工次序,合理选择刀具和切削用量,合理安排加工工艺。

(2)编程尺寸采用图纸上所给出的尺寸中差,方便加工时尺寸调节,避免加工尺寸出现超差。

2 实际操作方面

(1)为保证装配要求,应尽量减少重复装夹。

(2)合理控制夹紧力,充分冷却,避免出现夹紧力过大或冷却不充分产生零件过热,使工件变形的情况。

(3)在保证加工精度的前提下,通过调整编程及磨耗的数值,尽量将内孔,外圆的尺寸加工到中差,使配合间隙控制在合理的范围内。

(4)调头装夹找正不能损伤工件已加工的表面,找正部位应合理,以免降低已加工的表面质量。

(5)选用刀具的同时一定要考虑中心高度,尽量使刀具伸出的长度越短越好。在条件允许的情况下尽量选择较粗的刀杆直径以增大切削时的强度,避免零件因振动产生振纹。

(6)内孔的测量通过内径百分表进行检测,在使用过程中要严格按照量具说明书认真操作,以免将内径百分表损坏。

(7)内、外螺纹用螺纹环规和螺纹塞规进行检测,通过调整磨耗的方法改变牙深尺寸,保证螺纹的连接松紧适宜。

二、配合件装配时常见问题及解决方法

(1)配合中往往会出现尺寸在公差范围内而配合却不顺利的现象,这种现象产生的原因如下:

①内孔或者外圆零件的表面粗糙度很差,影响两面之间的配合平整度,因此提高表面加工质量是关键。

②内孔零件产生变形,使得两配合面无法正常接触不能实现配合,因此合理控制夹紧力、切削力和热胀冷缩等因素是关键。

③毛刺、倒角等问题影响正常配合。由于倒角加工质量不好使部分毛刺刮蹭至配合面部分(槽的配合),使得配合面因毛刺的阻挡无法装配,因此加工中要合理地安排倒角、去毛刺,使得配合顺利、彻底。

(2)配合中同样也会出现间隙过大的现象,当然这种现象往往是没有控制好尺寸精度而导致的,因此尺寸精度是保证配合的前提条件。

三、零件自动编程方法

实现零件自动编程的方法很多,本教材中采用 CAXA 数控车软件,实现车削类零件的自动编程。零件自动编程的步骤如下:

(1)绘制自动编程轮廓。

(2)设置加工参数,生成加工轨迹。

(3)自动生成加工程序。

CAXA 2016 加工轨迹工具栏如图 1-92 所示。

图 1-92　CAXA 2016 加工轨迹生成工具栏

常用的加工轨迹生成命令:

:轮廓粗车;　:轮廓精车;　:车槽;　:车螺纹;　:轨迹仿真;　:生成代码。

任务实施

一、图样分析

该任务是两件双配的配合件产品,两件产品完成后的配合效果是该任务的关键。

工件 1 是典型的轴类零件,外轮廓加工面主要有:M24×1.5 螺纹,锥面,$\phi 37.2$ mm 外圆,$\phi 55_{-0.03}^{0}$ mm 外圆,$\phi 68_{-0.03}^{0}$ mm 外圆,$\phi 73_{-0.04}^{0}$ mm 外圆,椭圆,槽,由 $R2$ mm、$R13.93$ mm、$R7.28$ mm 组成的圆弧面等;内轮廓加工面主要有:内孔 $\phi 31_{0}^{+0.03}$ mm,$\phi 24_{0}^{+0.03}$ mm,$\phi 20$ mm 等。

工件 2 是典型的套类零件,外轮廓加工面主要有:$\phi 55_{-0.03}^{0}$ mm 外圆,$\phi 47_{-0.03}^{0}$ mm 外圆,由 $R13.93$ mm、$R7.28$ mm 组成的圆弧面等;内轮廓加工面主要有:锥面、M24×1.5 内螺纹等。

二、加工工艺方案制定

1 加工方案

（1）采用三爪自定心卡盘装卡，零件伸出卡盘 70 mm。

（2）加工工件 1 左端内外轮廓至尺寸要求，如图 1-93 所示。

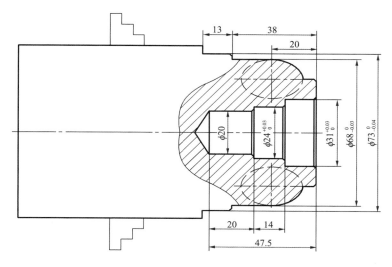

图 1-93　工件 1 左端外轮廓加工

（3）加工工件 2 左端内轮廓至尺寸要求，外圆 $\phi 55_{-0.03}^{0}$ mm 至尺寸要求，如图 1-94 所示。

（4）工件 2 调头找正，保证工件总长（38±0.05）mm，加工 M24×1.5 内螺纹至尺寸要求，如图 1-95 所示。

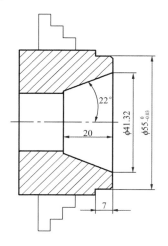

图 1-94　工件 2 左端内、外轮廓加工

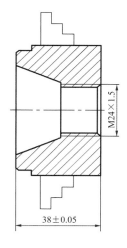

图 1-95　工件 2 右端内轮廓加工

（5）装夹工件 1 左端，找正工件。加工完成工件 1 右端 $\phi 55_{-0.03}^{0}$ mm 外圆、锥面、槽、M24×1.5 螺纹等至尺寸要求，如图 1-96 所示。

（6）装夹工件 1 左端，将工件 1 与工件 2 配合，加工完成工件 1 右端曲面外轮廓、工件 2 外轮廓至尺寸要求，如图 1-97 所示。

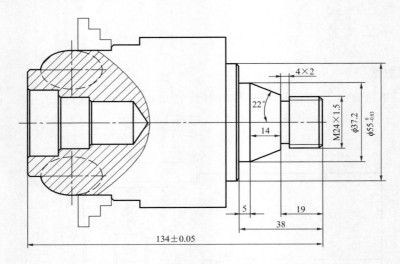

图 1-96　工件 1 右端部分外轮廓加工

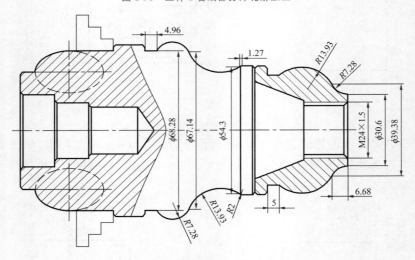

图 1-97　工件 1、工件 2 外轮廓加工

2　刀具选用

工序 1：工件 1 左端数控加工刀具卡见表 1-55。

表 1-55　　　　　　　　　　　　工件 1 左端数控加工刀具卡

零件名称		工件 1		零件图号			1-91(b)	
序号	刀具号	刀具名称	数量	加工表面	刀尖半径 R/mm	刀尖方位 T	备注	
1	T01	90°外圆车刀	1	粗、精车外轮廓	0.4	3	刀尖角 55°	
2		A4 中心钻	1					
3		ϕ18 mm 钻头	1					
4	T03	镗孔刀	1	粗、精车内轮廓	0.4	2	刀尖角 55°	
编制		审核		批准		日期	共 1 页	第 1 页

工序 2：工件 2 左端内、外轮廓数控加工刀具卡见表 1-56。

表 1-56　　　　　　　　工件 2 左端内、外轮廓数控加工刀具卡

零件名称		工件 1		零件图号			1-91(c)	
序号	刀具号	刀具名称	数量	加工表面	刀尖半径 R/mm	刀尖方位 T	备注	
1	T01	90°外圆车刀	1	粗、精车外轮廓	0.4	3	刀尖角55°	
2		A4 中心钻	1					
3		ϕ18 mm 钻头	1					
4	T03	镗孔刀	1	粗、精车内轮廓	0.4	2	刀尖角55°	
编制		审核		批准		日期	共 1 页	第 1 页

工序 3：工件 2 右端内轮廓数控加工刀具卡见表 1-57。

表 1-57　　　　　　　　工件 2 右端内轮廓数控加工刀具卡

零件名称		工件 1		零件图号			1-91(c)	
序号	刀具号	刀具名称	数量	加工表面	刀尖半径 R/mm	刀尖方位 T	备注	
1	T03	镗孔刀	1	粗、精车内轮廓	0.4	2	刀尖角55°	
2	T04	内螺纹车刀	1	M24×1.5 内螺纹				
编制		审核		批准		日期	共 1 页	第 1 页

工序 4：工件 1 右端部分外轮廓数控加工刀具卡见表 1-58。

表 1-58　　　　　　　　工件 1 右端部分外轮廓数控加工刀具卡

零件名称		工件 1		零件图号			1-91(b)	
序号	刀具号	刀具名称	数量	加工表面	刀尖半径 R/mm	刀尖方位 T	备注	
1	T01	90°外圆车刀	1	粗、精车外轮廓	0.4	3	刀尖角55°	
2	T02	切槽刀	1	4×2 槽			刀宽 4 mm	
3	T03	外螺纹车刀	1	M24×1.5 外螺纹				
编制		审核		批准		日期	共 1 页	第 1 页

工序 5：工件 1 右端曲面外轮廓、工件 2 外轮廓数控加工刀具卡见表 1-59。

表 1-59　　　　　　　工件 1 右端曲面外轮廓、工件 2 外轮廓数控加工刀具卡

零件名称		工件 1		零件图号			1-91(b)	
序号	刀具号	刀具名称	数量	加工表面	刀尖半径 R/mm	刀尖方位 T	备注	
1	T01	90°外圆车刀	1	粗、精车外轮廓	0.4	3	刀尖角30°	
编制		审核		批准		日期	共 1 页	第 1 页

3 加工工序

工序1:工件1左端数控加工工序卡见表1-60。

表1-60 工件1左端数控加工工序卡

单位名称				零件名称		零件图号
				工件1		1-91(b)
程序编号	夹具名称		使用设备	数控系统		场地
O1811 O1812	三爪卡盘		CKA6150	FANUC 0i-Mate		数控实训中心
工步号	工步内容		刀具号	主轴转速 $n/(\text{r}\cdot\text{min}^{-1})$	进给量 $F/(\text{mm}\cdot\text{r}^{-1})$	背吃刀量 a_p/mm	备注
1	装卡零件并找正						
2	钻中心孔		A4中心钻	2 000			手动
3	钻孔		ϕ18 mm钻头	400			
4	对刀						
5	粗车左外轮廓,留余量1 mm		T01	600	0.2	1.5	
6	精车左外轮廓各表面		T01	1 000	0.1	0.5	
7	粗车左内轮廓,留余量0.6 mm		T03	600	0.15	1.2	
8	精车左内轮廓各表面		T03	800	0.08	0.3	
编制		审核		批准	日期	共1页	第1页

工序2:工件2左端内外轮廓数控加工工序卡见表1-61。

表1-61 工件2左端内外轮廓数控加工工序卡

单位名称				零件名称		零件图号
				工件1		1-91(c)
程序编号	夹具名称		使用设备	数控系统		场地
O1813 O1814	三爪卡盘		CKA6150	FANUC 0i-Mate		数控实训中心
工步号	工步内容		刀具号	主轴转速 $n/(\text{r}\cdot\text{min}^{-1})$	进给量 $F/(\text{mm}\cdot\text{r}^{-1})$	背吃刀量 a_p/mm	备注
1	三爪卡盘装卡零件并找正						
2	打中心孔		A4中心钻	2 000			手动
3	钻孔		ϕ18 mm钻头	400			
4	手动对刀						
5	粗车左外轮廓,留余量1 mm		T01	600	0.2	1.5	
6	精车左外轮廓各表面		T01	1 000	0.1	0.5	
7	粗车左内轮廓,留余量0.6 mm		T03	600	0.15	1.2	
8	精车左内轮廓各表面		T03	800	0.08	0.3	
编制		审核		批准	日期	共1页	第1页

工序 3：工件 2 右端内轮廓数控加工工序卡见表 1-62。

表 1-62　　　　　　　　　工件 2 右端内轮廓数控加工工序卡

单位名称				零件名称		零件图号	
				工件 1		1-91(c)	
程序编号	夹具名称		使用设备	数控系统		场地	
O1815	三爪卡盘		CKA6150	FANUC 0i-Mate		数控实训中心	
工步号	工步内容		刀具号	主轴转速 $n/(\mathrm{r} \cdot \mathrm{min}^{-1})$	进给量 $F/(\mathrm{mm} \cdot \mathrm{r}^{-1})$	背吃刀量 $a_{\mathrm{p}}/\mathrm{mm}$	备注
1	三爪卡盘装卡零件并找正						手动
2	手动对刀，保证工件总长						
3	粗车左内轮廓，留余量 0.6 mm		T03	600	0.15	1.2	
4	精车左内轮廓各表面		T03	800	0.08	0.3	
5	车 M24×1.5 内螺纹		T04	500			
编制		审核		批准	日期		共 1 页　第 1 页

工序 4：工件 1 右端部分外轮廓数控加工工序卡见表 1-63。

表 1-63　　　　　　　　　工件 1 右端部分外轮廓数控加工工序卡

单位名称				零件名称		零件图号	
				工件 1		1-91(b)	
程序编号	夹具名称		使用设备	数控系统		场地	
O1816	三爪卡盘		CKA6150	FANUC 0i-Mate		数控实训中心	
工步号	工步内容		刀具号	主轴转速 $n/(\mathrm{r} \cdot \mathrm{min}^{-1})$	进给量 $F/(\mathrm{mm} \cdot \mathrm{r}^{-1})$	背吃刀量 $a_{\mathrm{p}}/\mathrm{mm}$	备注
1	三爪卡盘装卡零件并找正						手动
2	手动对刀，保证工件总长						
3	粗车右外轮廓，留余量 1 mm		T01	600	0.2	1.5	
4	精车右外轮廓各表面		T01	1 000	0.1	0.5	
5	切槽 4×2		T02	400	0.05		
6	车 M24×1.5 外螺纹		T03	400			
编制		审核		批准	日期		共 1 页　第 1 页

工序 5：工件 1 右端曲面外轮廓、工件 2 外轮廓数控加工工序卡见表 1-64。

表 1-64　　　　　　　工件 1 右端曲面外轮廓、工件 2 外轮廓数控加工工序卡

单位名称				零件名称		零件图号	
				工件 1		1-91(b)　1-91(c)	
程序编号	夹具名称		使用设备	数控系统		场地	
O1817	三爪卡盘		CKA6150	FANUC 0i-Mate		数控实训中心	
工步号	工步内容		刀具号	主轴转速 $n/(\mathrm{r} \cdot \mathrm{min}^{-1})$	进给量 $F/(\mathrm{mm} \cdot \mathrm{r}^{-1})$	背吃刀量 $a_{\mathrm{p}}/\mathrm{mm}$	备注
1	工件 2 与工件 1 螺纹配合						手动
2	对刀						
3	粗车左外轮廓，留余量 1 mm		T01	600	0.2	1.5	
4	精车左外轮廓各表面		T01	1 000	0.1	0.5	
编制		审核		批准	日期		共 1 页　第 1 页

三、编制加工程序

1 工序1：工件1左端数控加工程序（表1-65～表1-66）

表1-65　　　　　　　　　　　工件1左端外轮廓加工程序

程序	说明
O1811	程序号
G40 G97 G99 M03 S600 F0.2;	主轴正转，转速为 600 r/min，进给量为 0.2 mm/r
T0101;	换 01 号 90°外圆车刀
G00 Z5.0;	刀具快速点定位至固定形状粗车复合循环起点
X85.0	
M08;	切削液开
G73 U15.0 W0.05 R10;	定义粗车循环，X 方向总退刀量为 15.0 mm，Z 方向总退刀量为 0.05 mm，切削循环 10 次
G73 P10 Q20 U0.5 W0.05;	精车路线由 N10～N20 指定，X 方向精车余量为 0.5 mm，Z 方向精车余量为 0.05 mm
N10 G00 X0;	
G01 Z0;	
X50 C2;	
Z−6;	
#1=0;	定义椭圆短轴 X 变量并赋初始值
#2=20;	椭圆长轴 Z 轴起始尺寸
WHILE [#2GE0] DO 1;	判断是否走到 Z 轴终点
#1=9.0*SQRT[14.0*14.0−#2*#2]/14.0	短轴 X 变量
G01 X[2*#1+50] Z[#2−20]	椭圆插补
#2=#2−0.1	椭圆长轴 X 轴步距，每次 0.1 mm
END1	程序跳转
G01 Z−38.0	直线插补至 Z−38.0
X73 C1;	切削倒角
N20 Z−55.0	切削至(73.0，−55.0)
G00 X100.0;	快速退刀至换刀点
Z100.0;	
M05;	主轴停止
M00;	程序暂停
M03 S1000 T0101 F0.1;	主轴正转，转速为 1 000 r/min，进给量为 0.1 mm/r
G00 Z5.0;	刀具快速点定位至固定形状粗车复合循环起点
X85.0	
M08;	切削液开
G70 P10 Q20;	精加工复合循环
G00 X100.0;	快速退刀至换刀点
Z100.0;	
M30;	程序结束并返回起点

表 1-66　　　　　　　　　　工件 1 左端内轮廓加工程序

程　序	说　明
O1812	程序号
G40 G97 G99 M03 S600 F0.15;	主轴正转,转速为 600 r/min,进给量为 0.15 mm/r
T0303;	换 03 号 90°镗孔刀
G00 X18.0;	刀具快速点定位至加工复合循环起点
Z5.0	
M08;	切削液开
G71 U1.0 R0.5;	定义粗车循环切削深度为 1.0 mm,退刀量为 0.5 mm,
G71 P10 Q20 U−0.3 W0.05;	精车路线由 N10～N20 指定,X 方向精车余量为 0.3 mm,Z 方向精车余量为 0.05 mm
N10 G00 X33.015;	
G01 Z0;	
X31.015 C1;	
Z−14;	
X24.015 C1;	精车轮廓
Z−28;	
X20 C1;	
N20 Z−48.0;	
G00 Z100.0;	快速退刀至换刀点
X100.0;	
M05;	主轴停止
M00;	程序暂停
M03 S800 T0303 F0.08;	主轴正转,转速为 800 r/min,进给量为 0.08 mm/r
G00 G41 X18.0;	刀具快速点定位至外圆粗车复合循环起点,并建立刀具半径补偿
Z5.0;	
M08;	切削液开
G70 P10 Q20;	精加工复合循环
G00 G40 Z100.0;	快速退刀至换刀点,并取消刀具半径补偿
X100.0;	
M30;	程序结束并返回起点

② 工序 2:工件 2 左端内外轮廓数控加工程序(表 1-67～表 1-68)

表 1-67　　　　　　　　　　工件 2 左端内轮廓加工程序

程　序	说　明
O1813	程序号
G40 G97 G99 M03 S600 F0.15;	主轴正转,转速为 600 r/min,进给量为 0.15 mm/r
T0303;	换 03 号镗孔刀
G00 X18.0;	刀具快速点定位至加工复合循环起点
Z5.0	
M08;	切削液开
G71 U1.0 R0.5;	定义粗车循环切削深度为 1.0 mm,退刀量为 0.5 mm
G71 P10 Q20 U−0.3 W0.05;	精车路线由 N10～N20 指定,X 方向精车余量为 0.3 mm,Z 方向精车余量为 0.05 mm

程　序	说　明
N10 G00 X41.32;	精车轮廓
G01 Z0;	
X25.16 Z−20.0;	
X21.05 C0.5;	
N20 Z−40.0;	
G00 Z100.0;	快速退刀至换刀点
X100.0;	
M05;	主轴停止
M00;	程序暂停
M03 S800 T0101 F0.08;	主轴正转,转速为 800 r/min,进给量为 0.08 mm/r
G00 G41 X18.0;	刀具快速点定位至外圆粗车复合循环起点,并建立刀具半径补偿
Z5.0;	
M08;	切削液开
G70 P10 Q20;	精加工复合循环
G00 G40 Z100.0;	快速退刀至换刀点,并取消刀具半径补偿
X100.0;	
M30;	程序结束并返回起点

表 1-68　　　　　　　　　　　　　　工件 2 左端外轮廓加工程序

程　序	说　明
O1814	程序号
G40 G97 G99 M03 S600 F0.2;	主轴正转,转速为 600 r/min,进给量为 0.2 mm/r
T0101;	换 01 号 90°外圆车刀
G00 Z5.0;	刀具快速点定位至外圆粗车复合循环起点
X60.0;	
M08;	切削液开
G71 U1.5 R0.5;	定义粗车循环切削深度 1.5 mm,退刀量为 0.5 mm
G71 P10 Q20 U0.5 W0.05;	精车路线由 N10～N20 指定,X 方向精车余量为 0.5 mm,Z 方向精车余量为 0.05 mm
N10 G00 X20.0;	精车轮廓
G01 Z0;	
X55.0 C1.0;	
N20 Z−7.0;	
G00 X100.0;	快速退刀至换刀点
Z100.0;	
M05;	主轴停止
M00;	程序暂停
M03 S1000 T0101 F0.1;	主轴正转,转速为 1 000 r/min,进给量为 0.1 mm/r
G00 G42 Z5.0;	刀具快速点定位至外圆粗车复合循环起点
X60.0;	
M08;	切削液开
G70 P10 Q20;	精加工复合循环
G00 G40 X100.0;	取消刀尖圆弧半径补偿,快速退刀至换刀点
Z100.0;	
M30;	程序结束并返回起点

3　工序 3：工件 2 右端内轮廓数控加工程序（表 1-69）

表 1-69　　　　　　　　　　　　　　工件 2 右端内轮廓加工程序

程　序	说　明
O1815	程序号
G40 G97 G99 M03 S600 F0.15；	主轴正转，转速为 600 r/min，进给量为 0.15 mm/r
T0303；	换 03 号镗孔刀
G00 X18.0；	刀具快速点定位至加工复合循环起点
Z5.0	
M08；	切削液开
G71 U1.0 R0.5；	定义粗车循环切削深度 1.0 mm，退刀量为 0.5 mm
G71 P10 Q20 U－0.3 W0.05；	精车路线由 N10～N20 指定，X 方向精车余量为 0.3 mm，Z 方向精车余量为 0.05 mm
N10 G00 X26.0；	
G01 Z0；	
X22.05 C1.5；	精车轮廓
N20 Z－20.0；	
G00 Z100.0；	
X100.0；	快速退刀至换刀点
M05；	主轴停止
M00；	程序暂停
M03 S800 T0101 F0.08；	主轴正转，转速为 800 r/min，进给量为 0.08 mm/r
G00 G41 X18.0；	
Z5.0；	刀具快速点定位至外圆粗车复合循环起点，并建立刀具半径补偿
M08；	切削液开
G70 P10 Q20；	精加工复合循环
G00 G40 Z100.0；	
X100.0；	快速退刀至换刀点，并取消刀具半径补偿
T0404；	换 04 号 60°内螺纹车刀
M03 S500；	主轴正转，转速为 500 r/min
G00 X21.0；	
Z5.0；	刀具快速点定位至加工循环起点
G76 P020060 Q50 R0.05；	
G76 X24.0 Z－20.0 P975 Q400 F1.5；	M24×1.5 内螺纹加工
G00 Z100.0；	
X100.0；	快速退刀
M30；	程序结束并返回起点

④ 工序 4：工件 1 右端外轮廓数控加工程序（表 1-70）

表 1-70 工件 1 右端外轮廓加工程序

程 序	说 明
O1816	程序号
G40 G97 G99 M03 S600 F0.2;	主轴正转，转速为 600 r/min，进给量为 0.2 mm/r
T0101;	换 01 号 90°外圆车刀
G00 Z5.0;	刀具快速点定位至外圆粗车复合循环起点
X85.0;	
M08;	切削液开
G71 U1.5 R0.5;	定义粗车循环切削深度为 1.5 mm，退刀量为 0.5 mm
G71 P10 Q20 U0.5 W0.05;	精车路线由 N10～N20 指定，X 方向精车余量为 0.5 mm，Z 方向精车余量为 0.05 mm
N10 G00 X0;	精车轮廓
G01 Z0;	
X24.0 C1.5;	
Z-19.0;	
X25.88;	
X37.2 Z-33.0;	
Z-38.0;	
X55.0 C1;	
N20 G01 Z-48.0;	
G00 X100.0;	快速退刀至换刀点
Z100.0;	
M05;	主轴停止
M00;	程序暂停
M03 S1000 T0101 F0.1;	主轴正转，转速为 1 000 r/min，进给量为 0.1 mm/r
G00 G42 Z5.0;	刀具快速点定位至外圆粗车复合循环起点
X85.0;	
M08;	切削液开
G70 P10 Q20;	精加工复合循环
G00 G40 X100.0;	快速退刀至换刀点
Z100.0;	
M05;	主轴停止
M00;	程序暂停
M03 S400 T0202 F0.05;	主轴正转，转速为 400 r/min，进给量为 0.05 mm/r，换 02 号切槽刀
G00 X25.0;	车 4×2 槽
Z-19.0	
G01 X20.0;	
G04 X2.0;	
G01 X25.0;	
G00 X100.0;	快速退刀至换刀点
Z100.0;	
T0303;	换 03 号 60°外螺纹车刀
M03 S400;	主轴正转，转速为 400 r/min
G00 X25.0;	刀具快速点定位至螺纹循环起点
Z5.0;	
G76 P020060 Q50 R0.05;	M24×1.5 外螺纹加工
G76 X24.0 Z-20.0 P975 Q400 F1.5;	
X100.0	快速退刀至换刀点，并建立刀具半径补偿
Z100.0;	
M30;	程序结束并返回起点

⑤ 工序 5：工件 1 右端曲面外轮廓、工件 2 外轮廓数控加工程序（表 1-71）

表 1-71　　　　　　　　　　工件 1 右端曲面外轮廓、工件 2 外轮廓加工程序

程　序	说　明
O1817	程序号
G40 G97 G99 M03 S600 F0.2；	主轴正转，转速为 600 r/min，进给量为 0.2 mm/r
T0101；	换 01 号 90°外圆车刀
G00 Z5.0；	刀具快速点定位至外圆粗车复合循环起点
X60.0；	
M08；	切削液开
G73 U25 W0.05 R16；	定义粗车循环切削深度 1.5 mm，退刀量为 0.5 mm
G73 P10 Q20 U0.5 W0.05；	精车路线由 N10～N20 指定，X 方向精车余量为 0.5 mm，Z 方向精车余量为 0.05 mm
N10 G00 X0；	精车轮廓
G01 Z0；	
X30.6；	
G02 X39.38 Z−6.68 R7.28；	
G03 X46.985 Z−28.0 R13.93；	
G01 W−5.0；	
X54.985 C1；	
W−8.77；	
G03 X54.09 W−1.27 R2.0；	
G02 X67.14 W−22.1 R13.93；	
G03 X68.28 W−12.9 R7.28；	
G01 W−4.96；	
X73.0 C1；	
N20 G01 W−3.0；	
G00 X100.0；	快速退刀至换刀点
Z100.0；	
M05；	主轴停止
M00；	程序暂停
M03 S1000 T0101 F0.1；	主轴正转，转速为 1 000 r/min，进给量为 0.1 mm/r
G00 G42 Z5.0；	刀具快速点定位至外圆粗车复合循环起点
X60.0；	
M08；	切削液开
G70 P10 Q20；	精加工复合循环
G00 G40 X100.0；	快速退刀至换刀点
Z100.0；	
Z100.0；	
M30；	程序结束并返回起点

四、自动编程

配合件的自动编程见表1-72。

表 1-72   配合件的自动编程

工序	外轮廓	自动编程二维码	内轮廓	自动编程二维码
工序 1 工件 1 左端数控加工	外轮廓		内轮廓	
工序 2 工件 2 左端数控加工	外轮廓		内轮廓	
工序 3 工件 2 右端数控加工			内轮廓	
工序 4 工件 1 右端数控加工	外轮廓			
工序 5 工件 1、2 组合数控加工	外轮廓			

五、仿真加工

（1）启动软件→选择机床→回零→输入表 1-65 至表 1-71 中的程序。

（2）工序 1：工件 1 左端数控加工。

①设置工件并安装→装刀（T01）→对刀（T0101）→调用 O1811 加工程序→自动加工→测量尺寸。

②装刀（T03）→对刀（T0303）→调用 O1812 加工程序→自动加工→测量尺寸。

（3）工序 2：工件 2 左端内、外轮廓数控加工。

①设置工件并安装→装刀（T01）→对刀（T0101）→调用 O1814 加工程序→自动加工→测量尺寸。

②设置工件并安装→装刀（T03）→对刀（T0303）→调用 O1813 加工程序→自动加工→测量尺寸。

（4）工序 3：工件 2 右端内轮廓数控加工。

工件 2 调头装夹→对刀（T0303、T0404）→调用 O1815 加工程序→自动加工→测量尺寸。

（5）工序 4：工件 1 右端部分外轮廓数控加工。

工件 1 调头装夹→对刀（T0101、T0202、T0303）→调用 O1816 加工程序→自动加工→测量尺寸。

（6）工序 5：工件 1 右端曲面外轮廓、工件 2 外轮廓数控加工。

设置工件并安装→装刀（T01）→对刀（T0101）→调用 O1817 加工程序→自动加工→测量尺寸。

工件仿真加工结果如图 1-98 至图 1-100 示。

图 1-98　工件 1 仿真图

图 1-99　工件 2 仿真图

图 1-100　工件 1、工件 2 配合仿真图

模块二
数控加工中心零件的编程及仿真加工

任务一　初识数控加工中心加工

任务目标

一、任务描述

如图 2-1 所示零件的材料为 45 钢,毛坯 100 mm×100 mm×22 mm,使用 VDF850 立式数控加工中心,单件生产,编写加工程序,运用 VNUC 软件仿真加工,仿真加工结果如图 2-2 所示。

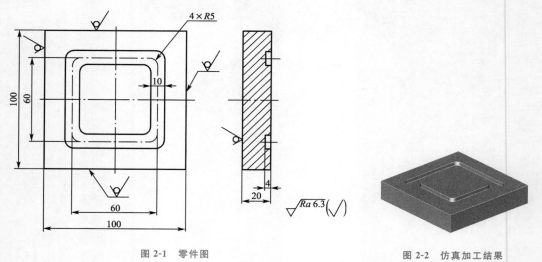

图 2-1　零件图　　　　　　　　　　　　　　图 2-2　仿真加工结果

二、知识目标

1. 认识数控加工中心。
2. 学习仿真加工中工件安装、刀具选择和建立坐标系等基本操作。

3.掌握数控加工中心常用 F、S、T、M 和 G00/G01 代码。

三、技能目标

1.具有使用 G00/G01 指令编写简单加工程序的初步能力。
2.具有使用仿真软件验证程序正确性的初步能力。

四、素质目标

1.严谨规范的行为意识。
2.培养责任意识、精准意识。

相关知识

一、认识数控加工中心

知识导图

数控加工中心是一种功能较全的数控机床,它与普通数控机床相比,增加了一个能够容纳 8～200 把刀具的刀库,并且具有自动换刀装置,能够根据加工工艺需求,任选刀库里的刀具,自动调换到主轴上实现多工序的加工。

1 **数控加工中心的分类**

数控加工中心种类较多,镗铣类数控加工中心按主轴空间位置可以分为卧式、立式和万能数控加工中心。

卧式数控加工中心的主轴水平设置,如图 2-3 所示;立式数控加工中心主轴的轴线垂直设置,如图 2-4 所示;万能数控加工中心的主轴可以旋转 90°,一次装夹能完成除安装面外的五个面的加工。

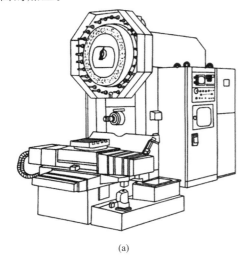
(a)

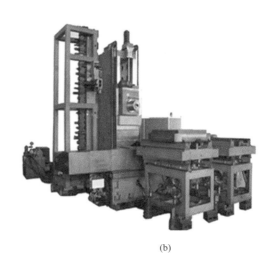
(b)

图 2-3 卧式数控加工中心

2 **立式数控加工中心结构**

如图 2-4 所示为立式数控加工中心,床身固定在底座上,用于安装机床各部件。纵向工作台、横向滑板安装在床身上,通过纵向进给伺服电动机、横向进给伺服电动机完成 X、Y 向进给。立式数控加工中心一般具有淬火贴塑导轨副、刀库、刀具自动交换系统、全封闭式防护罩、自动润滑系统、冷却系统、手动喷枪及便携式手动操作装置(MPG)。

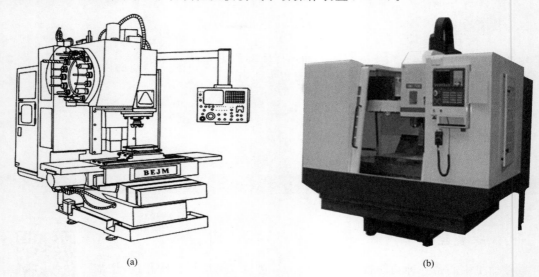

(a)　　　　　　　　　　　　　　　　(b)

图 2-4　立式数控加工中心

3　立式数控加工中心的加工范围

立式数控加工中心一般具有直线插补、圆弧插补、三轴联动空间直线插补功能,固定循环和用户宏程序等功能。零件一次装夹后可完成铣、镗、钻、扩、铰、攻螺纹等多工序加工。

二、数控加工中心仿真加工(以 VNUC 仿真软件为例)

1　启动软件

单击"开始"→"所有程序"→"LegalSoft"→"VNUC 网络版"→完成启动。

2　选择机床与数控系统

单击菜单"选项/选择机床和系统"→按照图 2-5 选择机床与数控系统→单击"确定"按钮,进入数控加工中心界面,如图 2-6 所示。

图 2-5　选择机床与数控系统

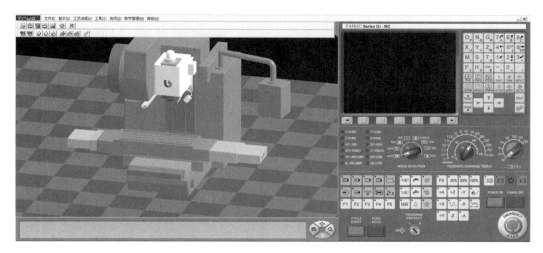

图 2-6 数控加工中心界面

数控加工中心面板由系统面板和机床操作面板组成,右上角为数控系统面板,其主要按键与数控车床基本一致,见表 1-1;下半部分为数控加工中心操作面板,其主要按键功能见表 2-1。

表 2-1　　　　　　　　　　　　　数控加工中心操作面板主要按键功能

图　标	按键功能	图　标	按键功能
X HOME　Y HOME Z HOME　A HOME SP. LOW　SP. HIGN ATC READY　O. TRAVEL SP. UNCLAMP　AIR LOW A. UNCLAMP　OIL LOW	X HOME:X 轴回零点指示灯 Y HOME:Y 轴回零点指示灯 Z HOME:Z 轴回零点指示灯 A HOME:A 轴回零点指示灯 SP LOW:主轴转速低 SP HIGH:主轴转速高 ATC READY:刀库准备好 O. TRAVEL:超出机床行程 SP. UNCLAMP:主轴松开 AIR LOW:气压低 A. UNCLAMP:A 轴松开 OIL LOW:油压低	DNC　HANDLE MDI　JOG EDIT　INC AUTO　REF MODE SELECTION	模式选择 REF:回参考点 INC:增量进给 JOG:手动 HANDLE:手摇轮 DNC:在线加工 MDI:手动数据输入 EDIT:编辑 AUTO:自动
FEEDRATE OVERRIDE %（进给倍率旋钮）	进给倍率	主轴倍率旋钮 [%]	主轴倍率
（单段运行图标）	单段运行	（空运行图标）	空运行
（选择停图标）	选择停	（选跳开关图标）	选跳开关
（循环启动图标）	循环启动	（辅助锁图标）	辅助锁
（机床锁住图标）	机床锁住	（Z 轴锁住图标）	Z 轴锁住
（示教图标）	示教	（机床坐标图标）	机床坐标

图　标	按键功能	图　标	按键功能
CYCLE START	循环启动	FEED HOLD	进给保持
	排屑器正转 排屑器反转	M30	程序结束
	切削液自动开 切削液手动开		工作灯
	刀库正转 刀库反转		松刀
F0 25% 50% 100%	进给倍率	+A +Z -Y +X ～ -X +Y -Z -A	X、Y、Z 坐标轴选择
	回参考点		超行程解除
	1. 主轴正转 2. 主轴停止 3. 主轴反转	POWER ON　POWER OFF	POWER ON：系统上电 POWER OFF：系统停止按钮
PROGRAM PROTECT	程序保护锁	EMERGENCY STOP	紧急停止

③ 激活机床

按 ┃POWER ON┃ 键→松开  键，激活机床。

④ 回零

模式选择为 模式→按 ┃-Z┃ 键→按 ┃回参考点┃ 键→ ● Z HOME 指示灯亮，完成 Z 轴回零。同理完成 X 轴和 Y 轴回零操作。

5 设置并安装工件

单击菜单"工艺流程/毛坯"→打开"毛坯零件列表"对话框→单击"新毛坯"→打开"铣床毛坯"对话框→按照图 2-7 选择毛坯→单击"虎钳"→打开"夹具"对话框→调整夹具尺寸和工件在虎钳中的位置→单击"确认"按钮→单击"确定"按钮→单击"毛坯 1"→单击"安装此毛坯"→单击"确定"按钮完成工件的选择与安装。

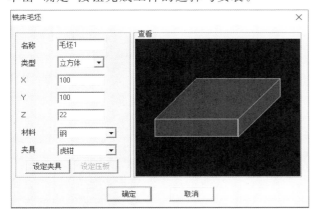

设置并安装工件

选择并安装刀具

图 2-7 选择毛坯

6 选择并安装刀具

单击菜单"工艺流程/加工中心刀库"→打开"刀具库"对话框→按图 2-8 选择刀具→单击"确认修改"按钮→单击选择的刀具→单击"安装"按钮完成刀具的选择与安装→单击"确认"按钮退出刀具库。

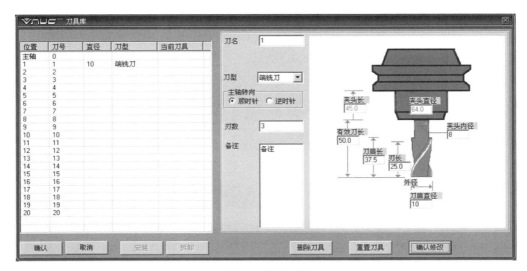

图 2-8 选择刀具

7 输入程序

与数控车削加工相同,程序可以通过键盘或鼠标输入,也可以导入。

8 建立工件坐标系

(1)利用基准工具完成 X、Y 向对刀

①选择基准工具

单击菜单"工艺流程/基准工具",选择 ϕ10 mm 的基准工具,如图 2-9 所示。

②主轴正转

模式选择为 MDI 模式 →按 键,输入"M03 S400;",按 键,主轴正转。

③X 向对刀

● 模式选择为手动模式 ,手动模式调节基准工具靠近毛坯左侧,当接近工件侧面时改为手摇轮模式,单击菜单"显示/隐藏/显示手摇轮",调出手摇轮。然后利用菜单"工具/辅助视图",调出塞尺,塞尺厚度选择 1 mm。手摇轮调整基准工具逐渐靠近毛坯左侧面,直至塞尺检查"合适"为止,如图 2-10 所示。单击"工具/辅助视图",在提示中"是否要关闭辅助视图窗口?"选择"是",收起塞尺。

● 按 键,按【相对】键,按【(操作)】键,单击 X,按【归零】键,此时 X 相对坐标为 0,如图 2-11 所示。

● 基准工具沿 Z 向上移,移动基准工具至毛坯的右侧,用同样的方法接近毛坯右侧面,直至塞尺检查合适,记下此时的 X 相对坐标值(如 117.0)。

● 基准工具沿 Z 向移出工件,移至 X 相对坐标的一半(如 58.5)处。

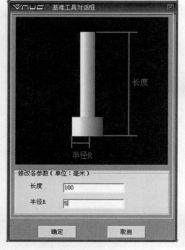

图 2-9 选择基准工具

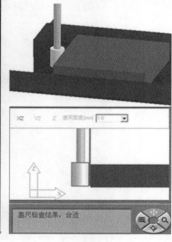

图 2-10 X 向左侧对刀

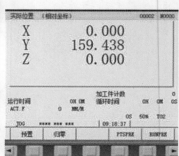

图 2-11 设置 X 相对坐标为 0

● 按 键,按【坐标系】键,界面如图 2-12(a)所示,光标移至 01(G54)的 X 处,如图 2-12(b)所示,输入 X0,按【测量】键完成 X 向对刀。

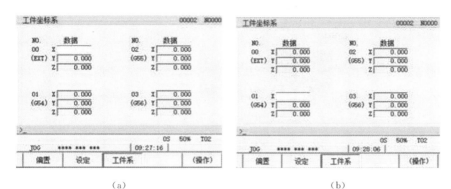

（a）　　　　　　　　　　　　　　（b）

图 2-12　工件坐标系设定

④Y 向对刀

● 移动基准工具逐渐接近毛坯前端面，至塞尺检查合适，如图 2-13 所示，设置 Y 相对坐标为 0。

● 移动基准工具接近毛坯后端面，至塞尺检查合适，记下 Y 相对坐标数值（如 117.0）。

● 使基准工具沿 Z 向移出，至相对坐标 Y 值的一半（如 58.5）处。

● 按 键，按【坐标系】键，界面如图 2-12 所示，光标移至 01（G54）的 Y 处，输入 Y0，按【测量】键完成 Y 向对刀。

（2）利用铣刀完成 Z 向对刀

①单击菜单"工艺流程/加工中心刀库"，在 1 号刀具位选取 ϕ10 mm 的立铣刀。

②模式选择为手动模式 ，调节基准工具靠近毛坯上表面，当接近时改手摇轮模式，利用塞尺检查，直至塞尺检查合适为止，如图 2-14 所示。

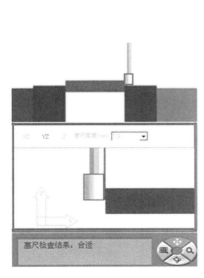

图 2-13　Y 向前端面对刀

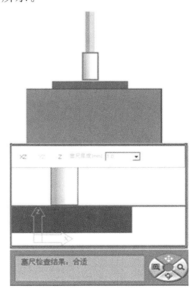

图 2-14　Z 向塞尺检查

③按 键，按【坐标系】键，如图 2-12 所示，光标移到 01（G54）的 Z 值处，输入"1.0"，按【测量】键完成 Z 向对刀。

9 自动加工

模式选择至 AUTO 模式 →按 CYCLE START 键,自动加工零件。

三、编程基础

1 进给功能

与数控车床相似,不同之处是进给速度默认单位为 mm/min。例如,F100 表示刀具的进给速度为 100 mm/min。

2 主轴转速功能

与数控车床相同。

3 刀具功能

T 功能表示指定加工时所选用的刀具号。
指令格式:T××
××表示刀具号。
例如,T03 表示选用 3 号刀具。

4 辅助功能

数控加工中心常用 M 代码除表 1-3 外,还常用 M06 换刀。

5 准备功能

数控加工中心常用 G 代码见表 2-2。

表 2-2　　　　　　　　　　　数控加工中心常用 G 代码

代　码	组　别	功　能	代　码	组　别	功　能
＊ G00	01	快速点定位	＊ G50.1	22	取消镜像
G01		直线插补	G51.1		可编程镜像
G02		圆弧/螺旋线插补(顺时针)	G53	00	选择机床坐标系
G03		圆弧/螺旋线插补(逆时针)	G54~G59	14	选择第一至六工件坐标系
G04	00	暂停	G65	00	宏程序调用
G10	00	用程序输入补偿值	G66	12	宏程序模态调用
＊ G17	02	选择 XY 平面	＊ G67		取消宏程序调用
G18		选择 ZX 平面	G68	16	坐标系旋转
G19		选择 YZ 平面	＊ G69		取消坐标系旋转
G20	06	英寸输入	G74	09	左旋攻螺纹循环
＊ G21		毫米输入	G76		精镗循环
G28	00	返回参考点	＊ G80		取消固定循环
G30		返回第二参考点	G81		点钻循环
＊ G40	07	取消刀具半径补偿	G82		镗阶梯孔循环
G41		刀具半径左补偿	G83		深孔钻削循环
G42		刀具半径右补偿	G84		攻螺纹循环
G43	08	刀具长度正补偿	G85		镗孔循环
G44		刀具长度负补偿	＊ G90	03	绝对尺寸编程
＊ G49		取消刀具长度补偿	G91		增量尺寸编程
＊ G50	11	取消比例缩放	G92	00	设定工件坐标系
G51		比例缩放	＊ G98	04	固定循环中,Z 轴返回初始平面
			G99		固定循环中,Z 轴返回 R 平面

注:＊为默认状态。

6 **坐标系**

铰削加工时工件坐标系的原点一般设在尺寸基准上,对称图形一般设定在对称中心,非对称图形一般设定在某一角点;Z 轴方向原点一般设在工件上表面。立式加工中心机床坐标系、机床参考点、工件原点如图 2-15 所示。图中 1 表示工作台,2 表示工件,O 表示机床原点,O_P 点表示工件原点。

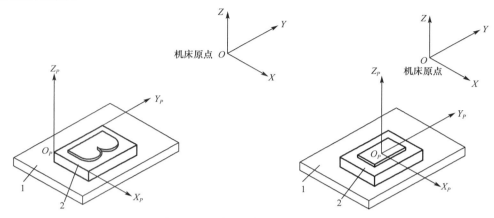

图 2-15 立式加工中心坐标系与原点

7 **G00——快速点定位指令**

指令格式:G00 X __ Y __ Z __;

注意:不能以 G00 速度切入工件,一般距离工件 5~10 mm 为安全距离。

例如,刀具从空间某一点,快速点定位至工件中心上方(0,0,5)。

程序段:G00 X0 Y0 Z5.0;

为了安全,常写成两段:G00 X0 Y0;
　　　　　　　　　　　　　Z5.0;

8 **G01——直线插补指令**

(1)指令格式 1:G01 X __ Y __ Z __ F __;

(2)指令格式 2:G01 X __ Y __ Z __ F __,R __;(倒圆角)

其中,R 为两直线轮廓过渡时的圆角半径。

注意:F 的单位一般为 mm/min。

例如,如图 2-16 所示,已知两直线交于点 $A(20,-30)$,圆角半径为 $R3$,程序段如下:G01 X20.0 Y-30.0 F50,R3.0;。

G00快速点定位
指令

G01直线插补指令

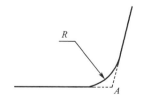

图 2-16 直线间倒圆角

9 **G90/G91 绝对/增量尺寸编程指令**

(1)功能

G90 选择绝对尺寸编程,G91 选择增量尺寸编程。

（2）指令格式

G90/G91 X＿ Y＿ Z＿；

执行 G90，X、Y、Z 后面数值是绝对坐标值；执行 G91，X、Y、Z 后面数值是增量坐标值。

例如，如图 2-17 所示，刀具由起始点 A 快速/直线插补运动到目标点 B。

A 点快速运动到 B 点

G90 G00 X20.0 Y70.0；　　　　　　　　G91 G00 X－50.0 Y40.0；

A 点直线插补到 B 点

G90 G01 X20.0 Y70.0 F100；　　　　　　G91 G01 X－50.0 Y40.0 F100；

⑩ G17/ G18/ G19——选择坐标平面指令

（1）功能

选择坐标平面。G17 选择 XY 坐标平面，G18 选择 XZ 坐标平面，G19 选择 YZ 坐标平面，如图 2-18 所示。

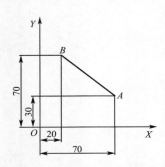

图 2-17　G90/ G91 编程举例

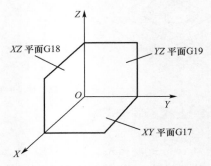

图 2-18　选择坐标平面

（2）指令格式

G17/G18/G19。

⑪ G54～G59——建立工件坐标系（零点偏移）指令

（1）功能

建立工件坐标系（零点偏移），由操作者在加工零件前，通过数控系统面板上的 键设定来实现，具体操作见前面仿真加工。

（2）指令格式

G54～G59。

⑫ 刀位点

铣削加工常用刀具的刀位点如图 2-19 所示。

图 2-19　刀位点

任务实施

一、图样分析

零件图如图 2-1 所示,该零件主要加工正方形槽,槽宽 10 mm,槽深 4 mm,正方形槽表面粗糙度 Ra 6.3 μm。

二、加工工艺方案

(1)采用平口钳装卡,毛坯高出钳口 10 mm 左右。

(2)用 ϕ10 mm 键槽铣刀铣削正方形槽,铣削深度 4 mm。走刀路线为 $A \rightarrow B \rightarrow C \rightarrow D \rightarrow E \rightarrow A$,如图 2-20 所示。

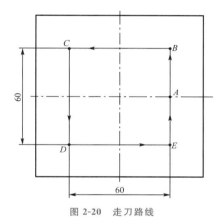

图 2-20 走刀路线

三、编制加工程序

以工件上表面对称中心为工件坐标系原点,加工程序见表 2-3。

表 2-3 加工程序

程序	说明
O211	程序号
G28 G91 Z0;	返回 Z 轴参考点
M06 T01;	换 01 号刀具(ϕ10 mm 键槽铣刀)
G54 G90 G00 X30.0 Y0;	绝对坐标,第一工件坐标系,快速点定位至 A(30,0)
G00 Z50.0;	刀具快速定位至 Z50
M03 S400;	主轴正转,转速为 400 r/min
M08;	切削液开
Z5.0;	刀具快速定位至 Z5
G01 Z−4.0 F50;	直线插补至 Z−4,进给量为 50 mm/min
Y30.0;	直线插补至 B
X−30.0;	直线插补至 C
Y−30.0;	直线插补至 D
X30.0;	直线插补至 E
Y0;	直线插补至 A
Z5.0;	抬刀至 Z5
G00 Z150.0;	快速抬刀至 Z150
M30;	程序结束并返回起点

四、仿真加工

仿真加工的工作过程如下：

启动软件→选择机床与数控系统→激活机床→回零→按照图 2-7 设置工件并安装→按照图 2-8 选择刀具并安装（注意：仿真软件中无键槽铣刀，用立铣刀代替）→输入 O211 号加工程序→建立工件坐标系→自动加工。

任务二　凸台零件的编程及仿真加工

▌任务目标

一、任务描述

如图 2-21 所示为凸台零件图，该零件的材料为 45 钢，毛坯 100 mm×100 mm×22 mm，使用 VDF850 立式数控加工中心，单件生产，编写加工程序，运用 VNUC 软件进行仿真加工。

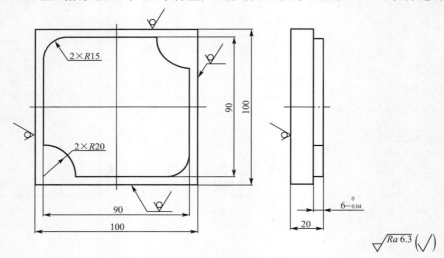

图 2-21　凸台零件图

二、知识目标

1. 熟悉凸台零件加工工艺。

2. 掌握 G02/G03、G40/G41/G42 和 M98/M99 指令及应用。

3. 巩固仿真加工基本操作。

三、技能目标

1. 具有工艺分析的初步能力。

2. 具有使用 G02/G03、G40/G41/G42 和 M98/M99 指令，编写凸台零件加工程序的能力。

3. 具有使用仿真软件验证凸台零件加工程序正确性的能力。

四、素质目标

1. 培养精细作业、过程创新的能力。
2. 培养责任意识、规范意识、精准意识。

相关知识

一、加工工艺

1 顺铣与逆铣

圆周铣削有顺铣和逆铣两种方式,铣削时铣刀的旋转方向与切削进给方式相同称为"顺铣";铣削时铣刀的旋转方向与切削进给方向相反,称为"逆铣"。

切削工件外轮廓时,绕工件外轮廓顺时针走刀为顺铣,绕工件外轮廓逆时针走刀为逆铣,如图 2-22 所示;切削工件内轮廓时,绕工件内轮廓逆时针走刀为顺铣,绕工件内轮廓顺时针走刀为逆铣,如图 2-23 所示。加工工件时,常采用顺铣,其优点是刀具切入容易,切削刃磨损慢,加工表面质量较高。

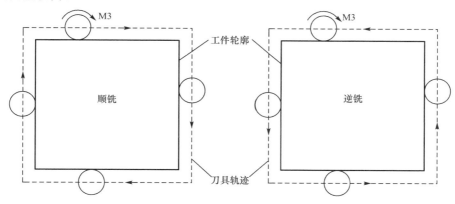

图 2-22 外轮廓顺、逆铣的判定

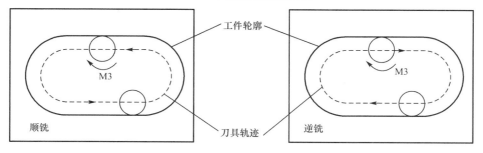

图 2-23 内轮廓顺、逆铣的判定

2 切削用量的选择

铣削加工的进给速度和铣削速度选择与车削加工相似,背吃刀量选择如下:

当侧吃刀量 $a_e < d/2$(d 为铣刀直径)时,$a_p = (1/3 \sim 1/2)d$;当 $d/2 \leqslant a_e < d$ 时,$a_p = (1/4 \sim 1/3)d$;当 $a_e = d$(满刀)时,$a_p = (1/5 \sim 1/4)d$。

3 加工顺序

（1）基准面先行原则

用作基准的表面应优先加工出来，定位基准的表面精度越高，装夹误差越小，定位精度越高。

（2）先粗后精

铣削按照先粗铣后精铣的顺序进行。当工件精度要求较高时，在粗、精铣之间加入半精铣。

（3）先面后孔

一般先加工平面，再加工孔和其他尺寸，利用已加工好的平面不仅可以可靠定位，而且在其上加工孔更为容易。

（4）先主后次

零件的主要工作表面，装配基准面应先加工，次要表面可在主要加工表面加工到一定程度后，精加工之前进行。

4 加工刀具

常用铣削刀具有盘铣刀[图 2-24（a）]、立铣刀[图 2-24（b）]、键槽铣刀[图 2-24（c）]和球头铣刀[图 2-24（d）]等。

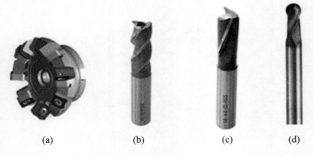

|(a)|(b)|(c)|(d)|

图 2-24　常用铣削加工刀具

盘铣刀主要用于加工平面，尤其适合加工大面积平面。

立铣刀是数控加工中最常用的一种铣刀，主要用于加工台阶面以及平面轮廓。大多数立铣刀的端面刃不过中心，不宜直接 Z 向进刀。

键槽铣刀主要用于加工封闭的键槽。

球头铣刀主要用于加工空间曲面零件。

5 进刀与退刀路线

利用铣刀侧刃铣削平面轮廓时，为了保证铣削轮廓的完整平滑，应采用切向切入、切向切出的走刀路线，如图 2-25 所示。

6 Z 向进刀路线

当加工外轮廓时，通常选择直接进刀法，从毛坯外进刀，如图 2-26 所示。

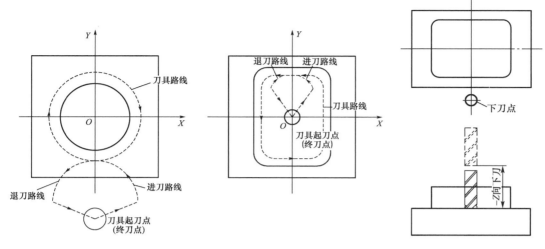

图 2-25 切向进、退刀路线   图 2-26 直进法

二、编程基础

1 **G40/G41/G42——刀具半径补偿指令**

（1）功能

使用该指令编程时只需按零件轮廓编程，不需要计算刀具中心运动路线，从而简化计算和程序编制。

（2）指令格式

以 XY 平面为例

G41/G42 G00/G01 X ___ Y ___ D ___（F ___）；

......

G40 G00/G01 X ___ Y ___（F ___）；

其中 G41/G42——刀具半径左/右补偿。沿着刀具前进的方向看，刀具在工件轮廓的左/右侧，如图 2-27 所示；

微 课

G40/G41/G42刀具
半径补偿指令

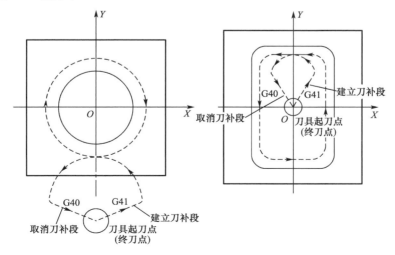

图 2-27 刀具补偿过程

G40——取消刀具半径补偿；

X、Y——建立、取消刀具半径补偿时目标点坐标；

D——刀具半径补偿号。

注意：

● 在执行直线移动命令时建立或取消刀具半径补偿。

● 使用时应指定所在的补偿平面，且不可以切换补偿平面。

● 进、退刀圆弧半径必须大于刀具半径值。

2 G02/G03——圆弧插补指令

（1）功能

使刀具在指定的平面内按给定进给速度，进行顺时针圆弧（G02）或逆时针圆弧（G03）切削加工，如图 2-28 所示。

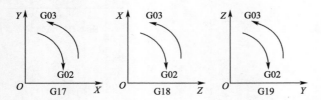

微　课

G02/G03圆弧插补
指令

图 2-28　不同平面的 G02 与 G03

（2）指令格式

$$\text{G17 G02/G03 X \_\_ Y \_\_} \begin{Bmatrix} \text{R \_\_} \\ \text{I \_\_ J \_\_} \end{Bmatrix} \text{F \_\_；}$$

$$\text{G18 G02/G03 X \_\_ Z \_\_} \begin{Bmatrix} \text{R \_\_} \\ \text{I \_\_ K \_\_} \end{Bmatrix} \text{F \_\_；}$$

$$\text{G19 G02/G03 Y \_\_ Z \_\_} \begin{Bmatrix} \text{R \_\_} \\ \text{J \_\_ K \_\_} \end{Bmatrix} \text{F \_\_；}$$

其中　G02/G03——顺/逆时针圆弧插补指令，从与指定平面相垂直的坐标轴的正向往负向
　　　　　　　看，G02 圆弧为顺时针旋转，G03 圆弧为逆时针旋转；

　　　X、Y、Z——圆弧终点坐标；

　　　R——圆弧半径，$0° <$ 圆心角 $< 180°$ 时取正，$180° ≤$ 圆心角 $< 360°$ 时取负；

　　　$I/J/K$——圆心相对于圆弧起点在 $X/Y/Z$ 轴上的增量坐标；

　　　F——进给速度。

注意：

● I、J、K 为零时可以省略。

● 在同一程序段中，若 I、J、K 与 R 同时出现，则 R 有效。

● 加工整圆时只能用 I、J、K 编程。

【例 2-1】　编写如图 2-29 所示圆弧部分的程序段。

OA 圆弧程序段：G02 X37.5 Y21.651 R25.0 F50；

　　　　　　　　　　　或 G02 X37.5 Y21.651 I25.0 F50；

AB 圆弧程序段：G03 X60.0 Y34.641 R−15.0 F50；

　　　　　　　　　　　或 G03 X60.0 Y34.641 I15.0 F50；

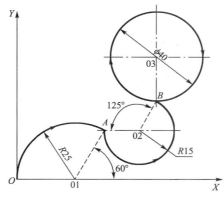

图 2-29 圆弧编程例题

坐标点	X	Y
A	37.5	21.651
B	60	34.641

ϕ40 mm 整圆程序段：G02 X60.0 Y34.641 J20.0 F50；

3 M98/M99——子程序调用指令

铣削加工子程序功能、指令格式与数控车削加工基本相同。

【例 2-2】 零件如图 2-30 所示，选择 ϕ6 mm 键槽铣刀，编写加工程序。

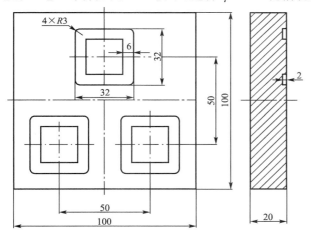

图 2-30 零件图（子程序举例）

微 课

M98/M99子程序
调用指令

加工程序见表 2-4。

表 2-4   加工程序

程 序	说 明
O2210	主程序号
G28 G91 Z0；	返回 Z 轴参考点
M06 T01；	换 01 号刀具
G54 G90 G00 X0 Y12.0；	绝对坐标，第一工件坐标系，快速点定位至(0,12)
M03 S300；	主轴正转，转速为 300 r/min
M08；	切削液开
G00 Z50.0；	刀具快速定位至 Z50
Z5.0；	刀具快速定位至 Z5
G01 Z0 F100；	直线插补至 Z0，进给量为 100 mm/min
M98 P2214；	调用子程序 O2214 一次

续表

程　序	说　明
G90 G00 X−25.0 Y−38.0;	绝对坐标,快速点定位至(−25,−38)
G01 Z0 F100;	直线插补至 Z0,进给量为 100 mm/min
M98 P2214;	调用子程序 O2214 一次
G90 G00 X25.0 Y−38.0;	绝对坐标,快速点定位至(25,−38)
G01 Z0 F100;	直线插补至 Z0,进给量为 100 mm/min
M98 P2214;	调用子程序 O2214 一次
G90 G00 Z150.0;	快速抬刀至 Z150
M30;	程序结束并返回起点
O2214	子程序号
G91 G01 Z−2.0 F30;	增量坐标,直线插补至 Z−2,进给量为 30 mm/min
X−13.0;	X 向直线插补−13
Y26.0;	Y 向直线插补 26
X26.0;	X 向直线插补 26
Y−26.0;	Y 向直线插补−26
X−13.0;	X 向直线插补−13
Z5.0;	Z 向直线插补 Z5
M99;	子程序结束

三、仿真加工

对刀步骤:选择基准工具→主轴正转→X 向对刀→Y 向对刀→铣刀完成 Z 向对刀。

微课

凸台零件自动加工

任务实施

一、图样分析

如图 2-23 所示,零件加工表面是由两个 R20 mm 的凹圆弧、两个 R15 mm 的凸圆弧与直线连接而成的凸台。

二、加工工艺方案制定

①　加工方案

(1)用平口钳装夹,毛坯高出钳口 10 mm 左右。

(2)用 φ80 mm 盘铣刀手动铣削毛坯上表面,保证工件高度 20 mm。

(3)用 φ20 mm 三刃立铣刀粗铣凸台,工件单边留 0.2 mm 的精加工余量。采用直进法,刀补值分别为 22 mm、10.2 mm,通常每次刀补的递增量≤0.8d(d 为刀具直径),如图 2-31 所示。

(4)用 φ20 mm 三刃立铣刀精铣凸台,采用切向切入、切出路线,如图 2-32 所示,刀补值为 10 mm。

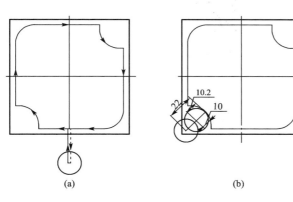

图 2-31　粗铣凸台刀具路线与刀补值

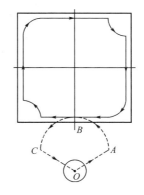

图 2-32　精铣凸台的刀具路线

2 刀具选用

凸台零件数控加工刀具卡见表 2-5。

表 2-5　　　　　　　　　　　　　凸台零件数控加工刀具卡

零件名称		凸台零件		零件图号		2-21	
序号	刀具号	刀具名称	数量	加工表面	刀具半径 R/mm		备注
1		ϕ80 mm 盘铣刀	1	铣削上表面			手动
2	T01	ϕ20 mm 三刃立铣刀	1	粗、精铣外轮廓	10		
编制		审核		批准		日期	共　页　第　页

3 加工工序

凸台零件数控加工工序卡见表 2-6。

表 2-6　　　　　　　　　　　　　凸台零件数控加工工序卡

单位名称				零件名称	零件图号
				凸台零件	2-21
程序号	夹具名称		使用设备	数控系统	场地
O2211 至 O2213	平口钳		VDF850	FANUC 0i-Mate	数控实训中心
工步号	工步内容		刀具号	主轴转速 n/(r · min^{-1})	进给量 F/(mm · r^{-1})	背吃刀量 a_p/mm	备注

工步号	工步内容	刀具号	主轴转速 n/(r · min^{-1})	进给量 F/(mm · r^{-1})	背吃刀量 a_p/mm	备注
1	平口钳装卡工件,盘铣刀将上表面铣平,保证 20 mm 的高度					手动
2	基准工具 X、Y 向对刀					
3	Z 向对刀	T01				
4	粗铣凸台	T01	300	50	5.98	O2211 O2212
5	精铣凸台	T01	400	40	5.98	O2211 O2213
编制	审核	批准	日期		共 1 页	第 1 页

三、编制加工程序

凸台零件加工程序见表 2-7。

表 2-7 凸台零件加工程序

程序	说明
O2211	主程序号
G91 G28 Z0;	返回 Z 轴参考点
M06 T01;	换 01 号刀具（φ20 mm 三刃立铣刀）
G90 G54 G00 X0 Y−75.0;	绝对坐标,第一工件坐标系,快速点定位至(0,−75)
Z50.0;	刀具快速定位至 Z50
M03 S300;	主轴正转,转速为 300 r/min
M08;	切削液开
G00 Z5.0;	刀具快速定位至 Z5
G01 Z−5.98 F100;	直线插补至 Z−5.98,进给量为 100 mm/min
D01;	粗铣第一刀 D01＝22 mm
M98 P2212;	调用子程序 O2212 一次
D02;	粗铣第二刀 D02＝10.2 mm
M98 P2212;	调用子程序 O2212 一次
G00 Z150.0;	快速抬刀至 Z150
M05;	主轴停转
M00;	程序暂停
M03 S400;	主轴正转,转速为 400 r/min
G00 Z5.0;	刀具快速定位至 Z5
G01 Z−5.98 F40;	直线插补至 Z−5.98,进给量为 40 mm/min
G90 G54 G00 X0 Y−80.0;	绝对坐标,第一工件坐标系,快速点定位至(0,−80)
D03;	精铣 D03＝10 mm
M98 P2213;	调用子程序 O2213 一次
G00 Z150.0;	快速抬刀至 Z150
M30;	程序结束并返回起点
O2212	粗铣子程序号
G41 G01 Y−45.0 F50;	直线插补至(0,−45),建立刀具半径左补偿
G01 X−25.0;	
G03 X−45.0 Y−25.0 R20.0;	
G01 Y30.0;	
G02 X−30.0 Y45.0 R15.0;	
G01 X25.0;	粗铣凸台轮廓
G03 X45.0 Y25.0 R20.0;	
G01 Y−30.0	
G02 X30.0 Y−45.0 R15.0;	
G01 X0;	
G40 G00 Y−75.0;	退刀,取消刀具半径补偿
M99;	子程序结束
O2213	精铣子程序号
G41 G00 X30.0 Y−75.0 F40;	直线插补至(30,−75),建立刀具半径左补偿
G03 X0 Y−45.0 R30.0;	圆弧切向进刀,圆弧半径为 30 mm

续表

程　序	说　明
G01 X−25.0;	
G03 X−45.0 Y−25.0 R20.0;	
G01 Y30.0;	
G02 X−30.0 Y45.0 R15.0;	
G01 X25.0;	铣削凸台轮廓
G03 X45.0 Y25.0 R20.0;	
G01 Y−30.0;	
G02 X30.0 Y−45.0 R15.0;	
G01 X0;	
G03 X−30.0 Y−75.0 R30.0;	圆弧切向退刀
G40 G00 X0 Y−80.0;	退刀,取消刀具半径补偿
M99;	子程序结束

四、自动编程

采用 CAXA 制造工程师软件完成零件的自动编程。

(1)完成凸台零件的实体造型。

(2)选择"相关线"命令,拾取凸台的加工轮廓。

(3)选择"平面轮廓精加工"命令,设置加工参数,完成凸台的粗、精加工。

(4)选择"后置处理-生成 G 代码"命令,完成自动编程。

微　课

凸台零件自动编程

五、仿真加工

仿真加工的工作过程如下:

启动软件→选择机床与数控系统→激活机床→回零→设置毛坯并安装→基准工具 X、Y 向对刀→刀具 Z 向对刀→输入 O2211 至 O2213 号加工程序→自动加工→测量尺寸。

凸台零件仿真加工结果如图 2-33 所示。

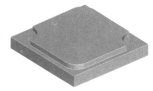

图 2-33　凸台零件自动加工

任务三　型腔零件的编程及仿真加工

任务目标

一、任务描述

如图 2-34 所示为型腔零件图,该零件的材料为 45 钢,毛坯 100 mm×100 mm×22 mm,使用 VDF850 立式数控加工中心,单件生产,编写加工程序,运用 VNUC 软件进行仿真加工。

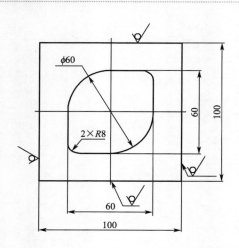
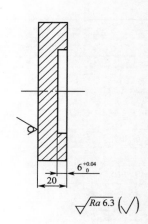

图 2-34　型腔零件图

二、知识要求

1. 熟悉型腔零件加工工艺。
2. 掌握 G43/G44/G49 和 G10 指令及应用。
3. 学习仿真加工中两把刀具的 Z 向对刀操作。

三、技能目标

1. 具有读图、识图的能力。
2. 具有使用 G43/G44/G49 和 G10 指令编写型腔零件加工程序的能力。
3. 具有使用仿真软件验证型腔零件加工程序正确性的能力。

四、素质目标

1. 培养分析问题、解决问题的能力。
2. 培养胆大心细、追求卓越的品质意识。

相关知识

一、加工工艺

知识导图

1 刀具的选择

型腔铣削时,常用的刀具一般有键槽铣刀[图 2-24(c)]和普通立铣刀[图 2-24(b)]。

键槽铣刀其端部刀刃通过中心,可以垂直下刀,但由于只有两刃切削,加工时的平稳性比较差,加工工件的表面粗糙度较大,因此适合小面积或被加工零件表面粗糙度要求不高的型腔加工。

普通立铣刀具有较高的平稳性和较长的使用寿命,但是因为大多数立铣刀端部切削刃不过中心,所以不宜直接沿 Z 向切入工件。一般先用钻头预钻工艺孔,然后沿工艺孔垂直切入。适合大面积或被加工零件表面粗糙度要求较高的型腔加工。

2 **刀具 Z 向切入方法**

键槽铣刀可以直接沿 Z 向切入工件。

立铣刀不宜直接沿 Z 向切入工件,可以采用以下两种方法:方法一先用钻头预先加工出工艺孔,然后沿工艺孔垂直切入工件;方法二选择斜向切入[图 2-35(a)]或螺旋切入[图 2-35(b)]。

3 **粗加工走刀路线**

粗加工走刀路线有行切法[图 2-36(a)]、环切法[图 2-36(b)]和先行切后环切法[图 2-36(c)]。

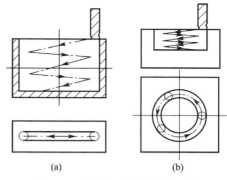

(a)　　　　　(b)

图 2-35　斜向进刀法与螺旋进刀法

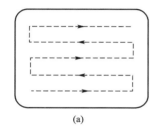 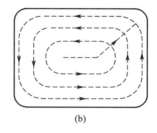 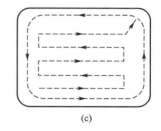

(a)　　　　　　　(b)　　　　　　　(c)

图 2-36　粗加工走刀路线

行切法走刀路线较短,但是加工出的表面粗糙度不好;环切法获得的表面粗糙度好于行切法,但是刀位点计算复杂;先行切后环切法既可以缩短走刀路线,又能获得较好的表面质量。

二、编程基础

1 **G43/G44/G49——刀具长度补偿指令**

(1)功能

当由于刀具磨损、更换刀具等原因使刀具长度发生变化时,该指令使得数控机床能够根据实际使用的刀具尺寸自动调整差值。

(2)指令格式

G43/G44 G00/G01 Z ＿ H ＿;

……

G49;

其中　G43——刀具长度正方向补偿,即 Z 实际值＝Z 程序指令值＋H 代码中的偏置值。通过改变 H 指令的刀具偏置值的正负来实现向正或负方向移动,如图 2-37所示;

G44——刀具长度负方向补偿,即 Z 实际值＝Z 程序指令值－H 代码中的偏置值;

G49——取消刀具长度补偿;

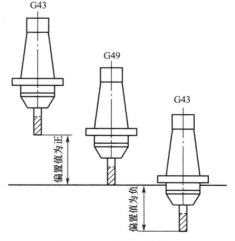

图 2-37　刀具长度补偿

Z——目标点坐标;

H——刀具长度补偿值的存储地址。

注意:

● 刀具沿 Z 向第一次移动时建立刀具长度补偿。

● 使用 G43、G44 指令时,不管是 G90 指令有效,还是 G91 指令有效,刀具移动的最终 Z 方向距离,都是程序中指定的 Z 与 H 指令的对应偏置量计算结果。

● G43、G44 为模态代码,除用 G49 取消刀具长度补偿外,也可用 H00 指令。

2 G10——用程序输入补偿值指令

(1)功能

在程序中运用编程指令指定刀具的补偿值。

(2)指令格式

H 的几何补偿值编程格式:G10 L10 P __ R __;

H 的磨损补偿值编程格式:G10 L11 P __ R __;

D 的几何补偿值编程格式:G10 L12 P __ R __;

D 的磨损补偿值编程格式:G10 L13 P __ R __;

其中　P——刀具补偿号,即刀具补偿存储器页面中的"番号";

　　　R——刀具补偿量。G90 有效时,R 后的数值直接输入到"番号"中相应的位置;G91 有效时,R 后的数值与相应"番号"中的数值相叠加,得到一个新的数值替换原有数值。

【例 2-3】　如图 2-38 所示,利用 G10 指令编写输入刀具半径补偿部分程序段。

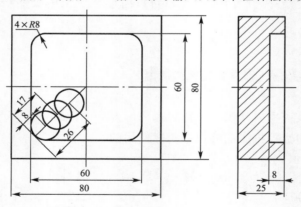

图 2-38　G10 指令例题

G10 指令部分程序段如下:

G10 L12 P1 R26.0;　　　　　给 D01 输入半径补偿值 26;

……

G10 L12 P1 R17.0;　　　　　给 D01 输入半径补偿值 17;

……

G10 L12 P1 R8.0;　　　　　　给 D01 输入半径补偿值 8;

……

三、仿真加工

1 X、Y 向对刀

利用基准工具进行 X、Y 向对刀,与任务一对刀过程相同。

2 T01 刀具的 Z 向对刀

当塞尺(塞尺厚度 1 mm)检查合适后,记下 Z 向机械坐标值(如 −270.940),按 【OFFSET SETTING】键,按【补正】键,如图 2-39(a)所示,将光标移至"番号 001"后的"形状(H)"下,输入"−270.940"点击【输入】键。

按 【OFS|SET】键,按【坐标系】键,如图 2-39(b)所示,光标移至 01(G54)的 Z 处,输入 −1.0,按【输入】键,完成 T01 刀具 Z 向对刀。

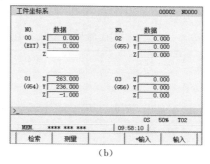

微课

多把刀具的 Z 向对刀

(a)　　　　　　　　　　(b)

图 2-39 多把刀具的 Z 向对刀

3 T02 刀具的 Z 向对刀

T02 刀具的对刀过程基本同上,不同之处是将 T02 刀具的 Z 向机械坐标值(如:−271.035)输入"番号 002"后的"形状(H)"下。

任务实施

一、图样分析

型腔零件图如图 2-34 所示。加工表面是由两段 R30 的圆弧、两段 R8 的圆弧以及四段直线连接而成的型腔轮廓,表面粗糙度为 Ra 6.3 μm。与任务二对比,增加了内轮廓编程及仿真加工。

二、加工工艺方案制定

1 加工方案

(1)采用平口钳装夹,毛坯高出钳口 10 mm 左右。

(2)用 ϕ80 mm 盘铣刀手动铣削毛坯上表面,保证工件高度 20 mm。

(3)用 ϕ16 mm 钻头加工工艺孔。

(4)用 ϕ16 mm 三刃立铣刀粗铣型腔轮廓,工件单边留 0.2 mm 精加工余量。采用直进法切削,刀具路线和刀补值如图 2-40 所示。

（5）用 $\phi12$ mm 三刃立铣刀精铣型腔轮廓,采用圆弧切向进退刀法。刀具路线如图 2-41 所示。

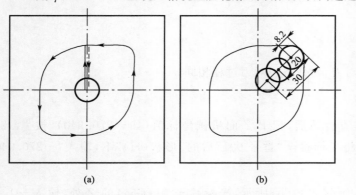

图 2-40　粗铣型腔的刀具路线与刀补值

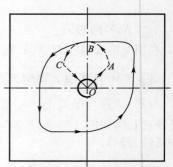

图 2-41　精铣型腔的刀具路线

2　刀具选用

型腔零件数控加工刀具卡见表 2-8。

表 2-8　　　　　　　　　　　型腔零件数控加工刀具卡

零件名称		型腔零件		零件图号		2-34	
序号	刀具号	刀具名称	数量	加工表面		刀具半径 R/mm	备注
1		$\phi80$ mm 盘铣刀	1	铣削上表面			手动
2	T01	$\phi16$ mm 三刃立铣刀	1	粗铣型腔轮廓		8	
3	T02	$\phi12$ mm 三刃立铣刀	1	精铣型腔轮廓		6	
4		$\phi16$ mm 钻头	1	手动加工工艺孔		8	
编制		审核	批准		日期	共 页	第 页

3　加工工序

型腔零件数控加工工序卡见表 2-9。

表 2-9　　　　　　　　　　　型腔零件数控加工工序卡

单位名称				零件名称	零件图号
				型腔零件	2-34
程序号	夹具名称	使用设备	数控系统		场地
O2311 至 O2313	平口钳	VDF850	FANUC 0i-Mate		数控实训中心

工步号	工步内容	刀具号	主轴转速 $n/(\text{r}\cdot\text{min}^{-1})$	进给量 $F/(\text{mm}\cdot\text{r}^{-1})$	背吃刀量 a_{p}/mm	备注
1	平口钳装卡工件,盘铣刀将上表面铣平,保证20 mm 的高度					手动
2	基准工具 X、Y 向对刀					
3	Z 向对刀	T01				
4	Z 向对刀	T02				
5	加工工艺孔	$\phi16$ mm 钻头				
6	粗铣型腔	T01	300	50	6.02	O2311 O2312
7	精铣型腔	T02	400	40	6.02	O2311 O2313

编制		审核		批准		日期		共 1 页	第 1 页

三、编制加工程序

型腔零件加工程序见表 2-10。

表 2-10 型腔零件加工程序

程 序	说 明
O2311	主程序号
G28 G91 Z0;	返回 Z 轴参考点
M06 T01;	换 01 号刀具（φ16 mm 立铣刀）
G90 G54 G00 X0 Y0;	绝对坐标,第一工件坐标系,快速点定位至(0,0)
M03 S300;	主轴正转,转速为 300 r/min
M08;	切削液开
G43 G00 Z50.0 H01;	刀具快速定位至 Z50,建立刀具长度补偿
Z5.0;	刀具快速定位至 Z5
G01 Z−6.02 F50;	直线插补至 Z−6.02,进给量为 50 mm/min
G10 L12 P1 R30.0;	程序输入半径补偿值 30 mm
M98 P2312;	调用子程序 O2312 一次
G10 L12 P1 R20.0;	程序输入半径补偿值 20 mm
M98 P2312;	调用子程序 O2312 一次
G10 L12 P1 R8.2;	程序输入半径补偿值 8.2 mm
M98 P2312;	调用子程序 O2312 一次
G00 Z150.0;	快速抬刀至 Z150
M05;	主轴停止
M00;	程序暂停
G91 G28 Z0;	返回 Z 轴参考点
M06 T02;	换 02 号刀具（φ12 mm 立铣刀）
G90 G54 G00 X0 Y0;	绝对坐标,第一工件坐标系,快速点定位至(0,0)
M03 S400;	主轴正转,转速为 400 r/min
G43 G00 Z50.0 H02;	刀具快速定位至 Z50,建立刀具长度补偿
Z5.0;	刀具快速定位至 Z5
G01 Z−6.02 F40;	直线插补至 Z−6.02,进给量为 40 mm/min
G10 L12 P1 R6.0;	程序输入半径补偿值 6 mm
M98 P2313;	调用子程序 O2313 一次
G00 Z150.0;	快速抬刀至 Z150
M30;	程序结束并返回起点
O2312	粗加工子程序号
G41 G01 Y30.0 D01;	直线插补至(0,30),建立刀具半径左补偿
G03 X−30.0 Y0 R30.0;	
G01 Y−30.0;	
X0;	
G03 X30.0 Y0 R30.0;	粗铣型腔轮廓
G01 Y30.0;	
X0;	
G40 G00 Y0;	快速退刀至(0,0),取消刀具半径补偿
M99;	子程序结束
02313	精加工子程序号
G41 G00 X15.0 Y15.0 D01;	直线插补至(15,15),建立刀具半径左补偿

程 序	说 明
G03 X0 Y30.0 R15.0;	圆弧切向进刀至(0,30),圆弧半径 15 mm
G03 X−30.0 Y0 R30.0;	精铣型腔轮廓
G01 Y−22.0;	
G03 X−22.0 Y−30.0 R8.0;	
G01 X0;	
G03 X30.0 Y0 R30.0;	
G01 Y22.0;	
G03 X22.0 Y30.0 R8.0;	
G01 X0;	
G03 X−15.0 Y15.0 R15.0;	圆弧切向退刀至(−15,15),圆弧半径 15 mm
G40 G00 X0 Y0;	快速退刀至(0,0),取消刀具半径补偿
M99;	子程序结束

四、自动编程

采用 CAXA 制造工程师软件完成零件的自动编程。

(1)完成型腔零件的实体造型。

(2)选择"相关线"命令,拾取型腔的加工轮廓。

(3)选择"平面轮廓精加工"命令,设置加工参数,完成型腔的粗、精加工。

(4)选持"后置处理—生成 G 代码"命令,完成自动编程。

微 课

型腔零件自动
编程

五、仿真加工

仿真加工的工作过程如下:

启动软件→选择机床与数控系统→激活机床→回零→设置毛坯并安装→基准工具 X、Y 向对刀→T01、T02 两把刀具 Z 向对刀→输入 O2311 至 O2313 号加工程序→自动加工→测量尺寸。

型腔零件仿真加工结果如图 2-42 所示。

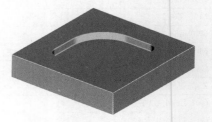

图 2-42 型腔零件仿真加工结果

任务四　孔系零件的编程及仿真加工

任务目标

一、任务描述

如图 2-43 所示为孔系零件图,该零件的材料为 45 钢,毛坯 100 mm×100 mm×22 mm,

使用 VDF850 立式数控加工中心,单件生产,编写加工程序,运用 VNUC 软件进行仿真加工。

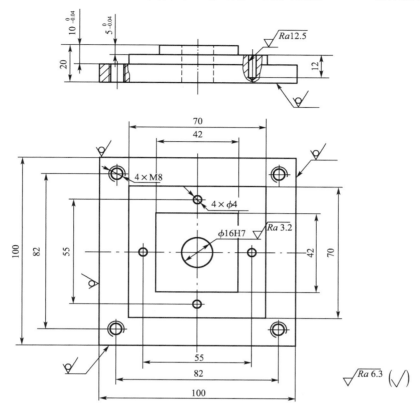

图 2-43　孔系零件图

二、知识要求

1. 熟悉孔的加工方法、加工刀具及加工路线。
2. 掌握 G81、G82、G83、G85、G76、G74、G84 和 G51/G50 指令及应用。

四、素质目标

1. 锻炼团队沟通能力,提高团队协作意识。
2. 培养逻辑思维,增强分析、判断、创造的能力与意识。

 相关知识

一、加工工艺

知识导图

1 加工方法

常见孔的加工方法有:钻孔、扩孔、锪孔、铰孔、镗孔、攻螺纹等。

(1)钻孔

钻孔是用钻头在实体材料上加工孔的一种方法。钻孔的公差等级为 IT10 以下,表面粗

糙度为 $Ra50\sim12.5\mu m$。主要用于低精度孔的加工和高精度孔的预加工。

当孔的深度超过孔径三倍时，即深孔。钻深孔时要经常退出钻头以便及时排屑和冷却，否则容易造成切屑堵塞或使钻头过度磨损甚至折断。

钻削大直径孔(钻孔直径 $D>30$ mm)应分两次钻削。第一次用$(0.6\sim0.8)D$ 的钻头先钻出一个孔，然后再根据孔径大小选择合适的钻头将孔扩大至尺寸要求。

（2）扩孔

扩孔是用扩孔钻对已有孔进行扩大孔径的加工方法。加工精度为 IT10～IT9，表面粗糙度为 $Ra6.3\sim3.2\ \mu m$。扩孔的加工质量比钻孔高，一般用于孔的半精加工、终加工，铰孔前的预加工或毛坯孔的扩大等。

（3）锪孔

锪孔是用锪钻加工锥形沉孔或平底沉孔。

（4）铰孔

铰孔是用铰刀对孔进行精加工的操作方法，加工精度可达 IT9～IT7，表面粗糙度为 $Ra3.2\sim0.8\ \mu m$。

（5）镗孔

镗孔是用镗刀对孔进行精加工的方法之一。镗孔主要适用于加工机座、箱体、支架等大型零件上孔径较大、尺寸精度和位置精度要求较高的孔系。一般镗孔的加工精度为 IT8～IT7，表面粗糙为 $Ra3.2\sim1.6\ \mu m$。精镗时加工精度为 IT7～IT6，表面粗糙为 $Ra0.4\sim0.8\ \mu m$。

（6）攻螺纹

在数控加工中心上加工螺纹孔，通常有两种方法，即攻螺纹和铣螺纹。在生产实践中，公称直径在 M24 以下的螺纹孔，一般采用攻螺纹的方式加工；公称直径在 M24 以上的螺纹孔，通常采用铣螺纹的方式加工。本任务仅介绍攻螺纹的方法。

攻内螺纹前应先加工螺纹底孔。一般用下列经验公式计算内螺纹底孔直径 d_0。

对于钢件及韧性金属：$d_0\approx d-P$；

对于铸铁及脆性金属：$d_0\approx d-(1.05\sim1.1)P$。

式中，d_0 为底孔直径；d 为螺纹公称直径；P 为螺距。

攻不通孔螺纹时，因丝锥不能攻到底，所以钻孔的深度要大于螺纹的有效长度。一般钻孔的深度＝螺纹孔深度＋$0.7d$。

❷ 加工刀具

（1）中心钻

中心钻的作用是在实体工件上加工出中心孔，以便在孔加工时起到定位和引导钻头的作用。

（2）普通麻花钻

普通麻花钻是钻孔最常用的刀具。麻花钻有直柄和锥柄之分。钻孔直径范围为 0.1～100 mm。普通麻花钻广泛应用于孔的粗加工，也可作为不重要孔的最终加工。

（3）扩孔钻

扩孔钻和普通麻花钻结构有所不同。它有 3～4 条切削刃，没有横刃。扩孔钻头刚性好，导向性好，不易变形。扩孔钻的结构如图 2-44 所示。在小批量生产时，常用麻花钻改磨成扩孔钻。

（4）锪钻

锪钻有以下几种：柱形锪钻［图 2-45(a)］、锥形锪钻［图 2-45(b)］和端面锪钻［图 2-45(c)］。

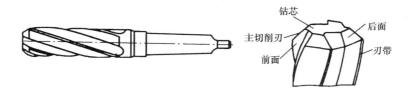

图 2-44　扩孔钻

锪钻是标准刀具,也可以用麻花钻改磨成锪钻。

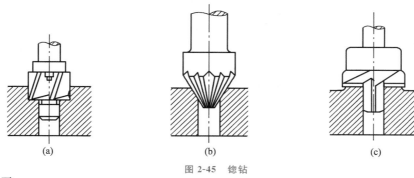

(a)　　　　　　　(b)　　　　　　　(c)

图 2-45　锪钻

(5)铰刀

加工中心上经常使用的铰刀是通用标准铰刀。通用标准铰刀有直柄、锥柄和套式三种,如图 2-46 所示。

图 2-46　铰刀

(6)镗刀

镗刀的种类很多,按加工精度可分为粗镗刀和精镗刀。精镗刀目前较多地选用可调精镗刀。这种镗刀的径向尺寸可以在一定范围内进行微调。按切削刃数量可以分为单刃镗刀[图 2-47(a)]和双刃镗刀[图 2-47(b)]。单刃镗刀刚性差,切削时易引起振动。双刃镗刀的两端有一对称的切削刃同时参与切削,生产效率高,广泛应用于大批量生产。

(7)丝锥

常用的丝锥有直槽[图 2-48(a)]和螺旋槽[图 2-48(b)]两大类。直槽丝锥加工容易、精度略低、切削速度较慢;螺旋槽丝锥多用于数控加工中心上攻盲孔,加工速度较快、精度高、排屑较好、对中性好。

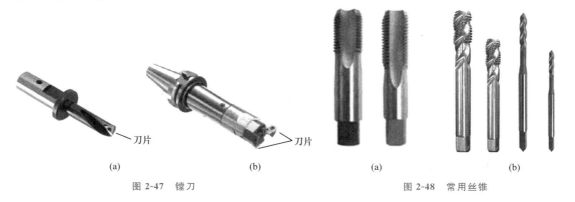

(a)　　　　　　　　　　(b)　　　　　　　(a)　　　　　　　　(b)

图 2-47　镗刀　　　　　　　　　　图 2-48　常用丝锥

3 加工路线

（1）为减少刀具空行程时间，提高加工效率，孔加工路线可采用图 2-49（a）所示的圆周式加工路线，其路径相对简单。

（2）对于孔的位置精度要求较高的零件，孔加工路线的选择一定要注意各孔的定位方向一致，避免传动间隙引起加工误差。可采用如图 2-49（b）所示的单一轴渐进式加工路线。

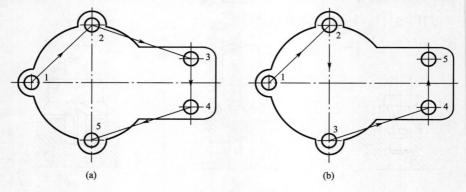

图 2-49　孔加工路线

二、编程基础

1 G81——点钻循环

G81 点钻循环

（1）功能

G81 指令主要用于浅孔加工。

（2）循环路线

G81 指令循环路线如图 2-50 所示。在初始平面上，刀具沿着 X、Y 轴定位后快速到达 R 平面，从 R 平面开始刀具以进给速度切削至孔底，到达孔底后快速返回 R 平面（G99）或初始平面（G98）。

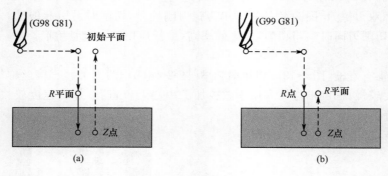

图 2-50　G81 指令循环路线

（3）指令格式

$$\left\{ \begin{array}{l} G99 \\ G98 \end{array} \right. \quad G81 \quad X\_\ Y\_\ Z\_\ R\_\ F\_\ ;$$

其中，X、Y 为孔的位置坐标；Z 为孔深的坐标；R 为参考平面坐标，通常距离待加工孔上表面 2～5 mm；F 为钻削进给速度。

注意：

● 孔加工固定循环中各功能字为模态指令，编程时应先给出孔加工所需要的全部数据，随后程序段中只给出需要改变的功能字。

● 取消孔加工固定循环有两种方式：采用 G80 指令；01 组的 G 代码（如 G00、G01、G02 和 G03 等）。

实例，见图 2-43 中使用 G81 指令钻中心孔编程，加工程序见表 2-17。

② G82——镗阶梯孔循环

微课

G82 镗阶梯孔循环

（1）功能

G82 指令主要用于加工盲孔或阶梯孔。

（2）指令格式

$\left\{\begin{array}{l}\text{G99}\\\text{G98}\end{array}\right.$ G82　X__ Y__ Z__ R__ P__ F__；

其中，P 为刀具在孔底进给暂停时间，单位为毫秒。例如，刀具进给暂停时间为 2 s，则为 P2000。

（3）循环路线

G82 指令循环路线如图 2-51 所示。与 G81 的主要区别是：在孔底，刀具有一个暂停的动作，以达到光整孔的目的，提高孔底的精度。

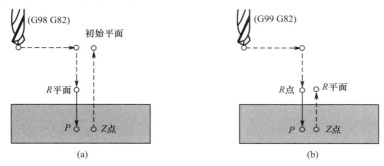

图 2-51　G82 指令循环路线

【例 2-4】　零件如图 2-52 所示，φ6 mm 孔已加工，使用 G82 指令编写镗孔加工程序。

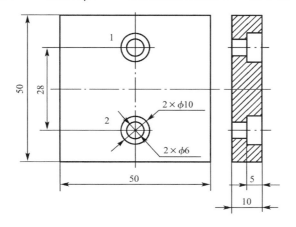

图 2-52　G82 指令应用例题

锪孔加工程序见表 2-11。

表 2-11 锪孔加工程序

程 序	说 明
O2401	程序号
G91 G28 Z0;	返回 Z 轴参考点
M06 T01;	换 01 号刀具(ϕ10 mm 锪钻)
G90 G54 G43 G00 Z100.0 H01;	绝对坐标,第一工件坐标系,建立 01 号刀具长度补偿,Z 向快速定位至 Z100
M03 S600;	主轴正转,转速为 600 r/min
M08;	切削液开
G99 G82 X0 Y14.0 Z−5.0 R3.0 P1000 F20;	锪孔 1,孔位(0,14),加工孔深至 Z−5,R 平面确定在 Z3 处,孔底暂停 1 s,刀具返回 R 平面,进给量为 20 mm/min
G98 Y−14.0;	锪孔 2,返回初始平面
G80;	取消固定循环
G00 Z150;	快速抬刀至 Z150
M30;	程序结束并返回起点

3 G83——深孔钻削循环

（1）功能

G83 指令用于深孔加工。

（2）指令格式

$$\begin{Bmatrix} \text{G99} \\ \text{G98} \end{Bmatrix} \text{G83 \quad X\_ \quad Y\_ \quad Z\_ \quad R\_ \quad Q\_ \quad F\_;}$$

其中,Q 为每次进刀深度。

微课

G83 深孔钻削循环

（3）循环路线

G83 指令循环路线如图 2-53 所示。与 G81 的主要区别是：采用间歇进给方式钻削工件,便于排屑。每次钻削 Q 距离后返回到 R 平面,图中 d 为让刀量,其值由 CNC 系统内部参数设定。末次钻削的距离小于或等于 Q。

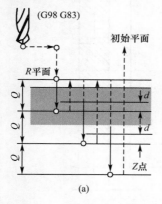

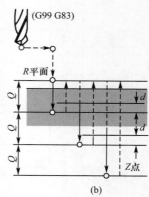

图 2-53 G83 指令循环路线

例如,使用 G83 指令钻 $4 \times \phi 4$ mm 深孔编程,如图 2-43 所示,加工程序见表 2-18。

4 镗孔加工循环指令

常用的镗孔循环有 G85、G86、G88、G89、G76、G87 六种,其指令格式与钻孔循环指令格式基本相同。

(1)G85——镗孔循环

①功能

用于镗孔、还可用于铰孔、扩孔加工。

②指令格式

微 课
G85 镗孔加工循环指令

$$\left\{ \begin{array}{l} G99 \\ G98 \end{array} \right. \quad G85 \quad X \_ \ Y \_ \ Z \_ \ R \_ \ F \_ ;$$

③循环路线

G85 指令循环路线如图 2-54 所示。使用该指令镗孔时,刀具到达孔底后以切削速度返回 R 平面或初始平面。

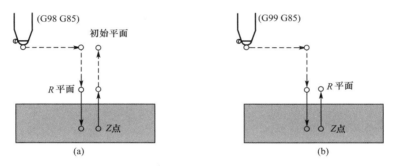

图 2-54 G85 指令循环路线

【例 2-5】 零件如图 2-55 所示,使用 G85 指令编写镗孔加工程序。

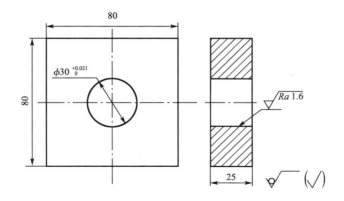

图 2-55 镗孔加工例题

镗孔部分加工程序见表 2-12。

表 2-12 　　　　　　　　　镗孔部分加工程序

程 序	说 明
O2402	程序号
G91 G28 Z0;	返回 Z 轴参考点
M06 T01;	换 01 号刀具（微调镗刀）
G90 G54 G43 G00 Z100.0 H01;	绝对坐标，第一工件坐标系，建立 01 号刀具长度补偿，Z 向快速定位至 Z100
M03 S1200;	主轴正转，转速为 1 200 r/min
M08;	切削液开
G98 G85 X0 Y0 Z−28.0 R3.0 F100;	镗孔，孔位(0,0)加工孔深至 Z−28，R 平面确定在 Z3 处，刀具返回初始平面，进给量为 100 mm/min
G80;	取消固定循环
G00 Z150.0;	快速抬刀至 Z150
M30;	程序结束并返回起点

（2）G76——精镗孔循环

①功能

常用于精镗孔加工。

②指令格式

G76 精镗孔循环

$$\begin{cases} G99 \\ G98 \end{cases} \ G76 \ X\_\_ \ Y\_\_ \ Z\_\_ \ R\_\_ \ Q\_\_ \ P\_\_ \ F\_\_ ;$$

其中，Q 为刀具在孔底的偏移量。

③循环路线

G76 指令循环路线如图 2-56 所示。与 G85 的区别：G76 在孔底有三个动作，即进给暂停，主轴定向停止，刀具沿着刀尖所指的反方向偏移 Q 值，然后快速返回 R 平面或初始平面。

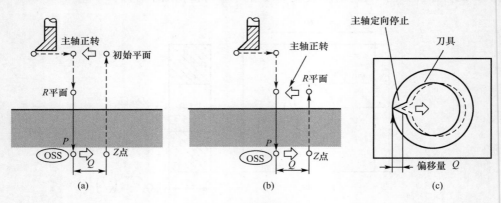

图 2-56　G76 指令循环路线

⑤ 铰孔循环指令

铰孔加工可以使用上面介绍的 G85 循环指令，还可以用 G01 指令进行铰孔。

实例参见图 2-43 中使用 G01 指令铰 ϕ16H7 孔编程实例，加工程序见表 2-22。

6 G74/G84——攻螺纹循环

（1）功能

加工左旋（G74）或右旋（G84）螺纹孔。

微课

G74/G84 攻螺纹
循环

（2）指令格式

攻右旋螺纹：

$$\begin{cases} G99 \\ G98 \end{cases} \quad G84 \quad X\_\ Y\_\ Z\_\ R\_\ F\_\ ;$$

攻左旋螺纹：

$$\begin{cases} G99 \\ G98 \end{cases} \quad G74 \quad X\_\ Y\_\ Z\_\ R\_\ F\_\ ;$$

其中，进给速度 $F=$ 螺纹的螺距×主轴转速。

（3）循环路线

G84 指令循环路线如图 2-57 所示。G84 加工右旋螺纹时，主轴正转，执行攻螺纹到达孔底后，主轴反转退回至 R 平面或初始平面。

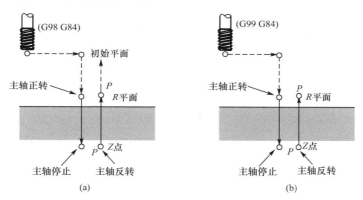

图 2-57　G84 指令循环路线

G74 指令循环路线如图 2-58 所示。G74 加工左旋螺纹时，主轴反转，执行攻螺纹到达孔底后，主轴正转退回至 R 平面或初始平面。

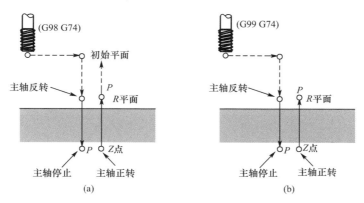

图 2-58　G74 指令循环路线

【例 2-6】　零件如图 2-59 所示,螺纹底孔已加工,使用 G74/G84 指令编写 M12(右旋)和 M12LH 左旋螺纹(螺距 $P=1.75$)的加工程序。

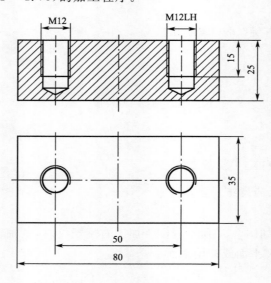

图 2-59　G74/G84 指令例题

攻螺纹部分加工程序见表 2-13。

表 2-13　　　　　　　　　　　攻螺纹部分加工程序

程　序	说　明
O2404	程序号
G91 G28 Z0;	返回 Z 轴参考点
M06 T01;	换 01 号刀具(右旋螺纹丝锥)
G90 G54 G00 G43 H01 Z100.0;	绝对坐标,第一工件坐标系,建立 01 号刀具长度补偿
M03 S100;	主轴正转,转速为 100 r/min
M08;	切削液开
G98 G84 X−25.0 Y0 Z−15.0 R3.0 F175;	加工右旋螺纹 M12
G80;	取消固定循环
…	…
M06 T02;	换 02 号刀具(左旋螺纹丝锥)
G90 G54 G00 G43 H02 Z100.0;	绝对坐标,第一工件坐标系,建立 02 号刀具长度补偿
M08;	切削液开
M04 S100;	主轴反转,转速为 100 r/min
G98 G74 X25.0 Y0 Z−15.0 R3.0 F175;	加工左旋螺纹 M12LH
G80;	取消固定循环

 7 G51/G50——比例缩放指令

(1)功能

把原编程尺寸按指定比例放大或缩小。

（2）指令格式

①沿所有轴以相同的比例缩放

G51 X＿ Y＿ Z＿ P＿ ；

……；

G50 ；

微课

G51/G50 比例
缩放指令

其中 G51——比例缩放；

X、Y、Z——比例缩放中心的坐标值；

P——比例缩放系数；

G50——取消比例缩放。

②沿各轴以不同的比例缩放

G51 X＿ Y＿ Z＿ I＿ J＿ K＿ ；

……；

G50；

其中，I、J、K 为各轴对应的缩放比例。

注意：

● 如果将比例缩放程序简写成"G51；"，则缩放比例由机床系统自带参数决定，缩放中心则指刀具中心当前所处的位置。

● 比例缩放对于刀具半径补偿、刀具长度补偿值无效。

【例 2-7】 使用 G51/G50 指令，对图 2-43 中 70 mm×70 mm 凸台以原点为中心在 XY 平面内进行等比例缩放，缩放倍数为 0.6 的编程实例，加工程序见表 2-19。

三、仿真加工

本任务需用钻头（以 $\phi4$ mm 钻头为例）和铰刀（$\phi16$ mm）。钻头的选择如图 2-60 所示。铰刀的选择如图 2-61 所示。（因 VNUC 仿真软件刀库中没有提供中心钻和丝锥。仿真加工时，中心钻、丝锥用钻头代替）

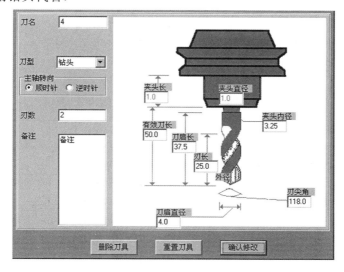

图 2-60 钻头的选择

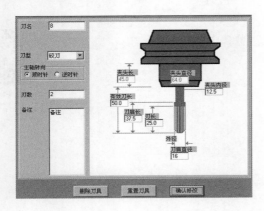

钻头、铰刀的
选择与安装

图 2-61　铰刀的选择

任务实施

一、图样分析

孔系零件图如 2-43 所示,零件的加工部位有 $4\times\phi4$ mm 深孔,$4\times$M8 螺纹孔,重点保证的尺寸有 $\phi16$H7,此外还需加工两个成比例缩放的方形凸台。相对于任务三增加了孔加工固定循环指令和比例缩放指令的编程及仿真加工。

二、加工工艺方案制定

1 加工方案

(1)采用平口钳装夹,毛坯高出钳口 15 mm 左右。

(2)用 $\phi80$ mm 盘铣刀手动铣削毛坯上表面,保证工件高度 20 mm。

(3)用 $\phi20$ mm 立铣刀粗铣 70 mm×70 mm 凸台,单边留 0.1 mm 精加工余量。

(4)利用等比例缩放功能粗铣 42 mm×42 mm 凸台,单边留 0.1 mm 精加工余量。

(5)用 $\phi10$ mm 立铣刀精铣 70 mm×70 mm 凸台,采用圆弧进刀的方法,刀具自 $A\to B\to C\to$ 顺时针方向加工凸台,沿 $C\to D\to A$ 退刀,加工路线如图 2-62 所示。

(6)利用等比例缩放功能精铣 42 mm×42 mm 凸台。

(7)采用中心钻钻中心孔。

钻中心孔加工路线:$1\to2\to3\to4\to5\to6\to7\to8\to9$,如图 2-63 所示。

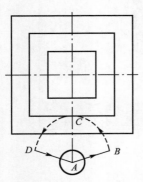

图 2-62　铣削 70 mm×70 mm 凸台加工路线

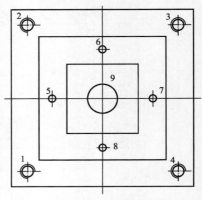

图 2-63　钻中心孔加工路线

（8）用 $\phi4$ mm 钻头钻 4 个 $\phi4$ mm 深孔。

（9）用 $\phi6.8$ mm 钻头钻 4 个 M8 螺纹底孔。

（10）用 M8 丝锥攻 4 个 M8 螺纹孔。

（11）用 $\phi15.8$ mm 钻头钻 $\phi16$H7 孔，单边留有 0.1 mm 铰削余量。

（12）用 $\phi16$H7 铰刀铰 $\phi16$H7 孔。

2 刀具选用

孔系零件数控加工刀具卡见表 2-14。

表 2-14　　　　　　　　　　　　孔系零件数控加工刀具卡

零件名称		孔系零件		零件图号		2-43	
序号	刀具号	刀具名称	数量	加工表面	半径补偿号及补偿值	长度补偿号	备注
1		$\phi80$ mm 盘铣刀	1	铣削上表面			手动
2	T01	$\phi20$ mm 立铣刀	1	70 mm×70 mm 凸台 42 mm×42 mm 凸台	D01(10.1)	H01	
3	T02	$\phi10$ mm 立铣刀	1	70 mm×70 mm 凸台 42 mm×42 mm 凸台	D02(5.0)	H02	
4	T03	中心钻	1	钻中心孔		H03	
5	T04	$\phi4$ mm 钻头	1	钻 $\phi4$ mm 深孔		H04	
6	T05	$\phi6.8$ mm 钻头	1	钻 M8 螺纹底孔		H05	
7	T06	M8 丝锥	1	攻 M8 螺纹孔		H06	
8	T07	$\phi15.8$ mm 钻头	1	钻 $\phi16$H7 底孔		H07	
9	T08	$\phi16$H7 铰刀	1	铰 $\phi16$H7 孔		H08	

3 加工工序

孔系零件数控加工工序卡见表 2-15。

表 2-15　　　　　　　　　　　　孔系零件数控加工工序卡

单位名称			零件名称		零件图号	
			孔系零件		2-43	
程序号	夹具名称	使用设备	数控系统		场地	
O2411 至 O2418	平口钳	VDF850	FANUC 0i Mate—MC		数控加工实训中心	
工步号	工步内容		刀具号	主轴转速 $n/(\text{r} \cdot \text{min}^{-1})$	进给量 $F/(\text{mm} \cdot \text{r}^{-1})$	背吃刀量 a_{p}/mm	备注
---	---	---	---	---	---	---	---
1	平口钳装夹工件，盘铣刀将上表面铣平，保证 20 mm 的高度						手动
2	粗铣 70 mm×70 mm 凸台		T01	300	40	9.98	O2411
3	粗铣 42 mm×42 mm 凸台			300	40	4.98	
4	精铣 70 mm×70 mm 凸台		T02	800	50	9.98	O2412
5	精铣 42 mm×42 mm 凸台			800	50	4.98	
6	钻中心孔		T03	2 000	20		O2413
7	钻 $\phi4$ 孔		T04	1 500	30		O2414
8	钻 M8 螺纹底孔		T05	1 200	20		O2415
9	攻 M8 螺纹孔		T06	100	125		O2416
10	钻孔		T07	350	30		O2417
11	铰 $\phi16$H7 孔		T08	100	10		O2418

三、编制加工程序

1 数值计算

（1）工件原点

选择工件上表面中心作为工件坐标系原点。

（2）M8 螺纹底孔计算

经查表 M8 粗牙螺纹的螺距为 1.25。对于钢件及韧性金属，根据经验公式 $d_0 \approx d - P = 8 - 1.25 = 6.75$ mm，螺纹底孔直径取 6.8 mm。

（3）$\phi 16 H7$ 尺寸计算

经查表 $\phi 16 H7$ 尺寸为 $\phi 16^{+0.021}_{0}$ mm。

2 加工程序

孔系零件加工程序见表 2-16 至表 2-22。

表 2-16　　　　　　　　　　　　凸台加工程序

程　序	说　明
O2411	主程序号
G91 G28 Z0;	返回 Z 轴参考点
M06 T01;	换 01 号刀具（$\phi 20$ mm 立铣刀）
M03 S300;	主轴正转，转速为 300 r/min
M08;	切削液开
G90 G54 G43 G00 Z100.0 H01;	绝对坐标，第一工件坐标系，Z 向快速定位至 Z100，建立 01 号刀具长度补偿
X0 Y−75.0;	快速点定位至 A
Z5.0;	快速定位至 Z5
G01 Z−5.0 F50;	直线插补至 Z−5，进给量为 50 mm/min
M98 P2412;	调用子程序 O2412，加工凸台 70 mm×70 mm
G01 Z−9.98 F50;	直线插补至 Z−9.98，进给量为 50 mm/min
M98 P2412;	调用子程序 O2412，加工凸台 70 mm×70 mm
G01 Z−4.98 F50;	直线插补至 Z−4.98，进给量为 50 mm/min
G51 X0 Y0 P600;	以原点（0，0）为中心，对凸台 70 mm×70 mm 进行等比例缩放，缩放倍数 0.6
M98 P2412;	调用子程序 O2412 加工凸台 42 mm×42 mm
G50;	取消比例缩放
G00 Z150.0;	快速抬刀至 Z150
M30;	程序结束并返回起点
O2412	子程序号
G00 X0 Y−75.0;	快速点定位至 A
G01 G41 X30.0 Y−65.0 D01 F40;	直线插补至 B 点，建立刀具半径左补偿，进给量为 40 mm/min
G03 X0 Y−35.0 R30.0;	圆弧切入工件至点 C
G01 X−35.0;	
Y35.0;	
X35.0;	直线插补加工 70 mm×70 mm 凸台轮廓
Y−35.0;	
X0;	
G03 X−30.0 Y−65.0 R30.0;	圆弧切出工件至 D
G01 G40 X0 Y−75.0;	取消刀具半径回 A
Z5.0;	抬刀至 Z5
M99;	子程序结束

注意：精加工凸台 70 mm×70 mm，42 mm×42 mm，需换 02 号刀具（$\phi 10$ mm 立铣刀），程序需做如下修改：将程序 O2411 中 T01 改为 T02，H01 改为 H02，M03 S300 改为 M03 S800，将程序 O2412 中 F40 进给量改为 F50，D01 改为 D02。

表 2-17 钻中心孔加工程序

程 序	说 明
O2413	程序号
G91 G28 Z0;	返回 Z 轴参考点
M06 T03;	换 03 号刀具(中心钻)
G90 G54 G43 G00 Z100.0 H03;	绝对坐标,第一工件坐标系,Z 向快速定位至 Z100,建立 03 号刀具长度补偿
M03 S2000;	主轴正转,转速为 2 000 r/min
M08;	切削液开
G99 G81 X−41.0 Y−41.0 Z−12.0 R−7.0 F20;	钻中心孔 1,孔位(−41,−41),加工中心孔深至 Z−12,R 平面确定在 Z−7 处,刀具返回 R 平面,进给量为 20 mm/min
Y41.0;	钻中心孔 2
X41.0;	钻中心孔 3
G98 Y−41.0;	钻中心孔 4,刀具返回初始平面
G99 X0 Y−27.5 Z−8.0 R−2.0;	钻中心孔 5,R 平面确定在 Z−2 处
X−27.5 Y0;	钻中心孔 6
X0 Y27.5;	钻中心孔 7
X27.5 Y0;	钻中心孔 8
G98 X0 Y0 Z−3.0 R3.0;	钻中心孔 9,R 平面确定在 Z3 处,刀具返回 R 平面
G80;	取消固定循环
G00 Z150.0;	快速抬刀至 Z150
M30;	程序结束并返回起点

表 2-18 $\phi4$ mm 深孔钻削加工程序

程 序	说 明
O2414	程序号
G91 G28 Z0;	返回 Z 轴参考点
M06 T04;	换 04 号刀具($\phi4$ mm 钻头)
G90 G54 G43 G00 Z100.0 H04;	绝对坐标,第一工件坐标系,Z 向快速定位至 Z100,建立 04 号刀具长度补偿
M03 S1500;	主轴正转,转速为 1 500 r/min
M08;	切削液开
G98 G83 X0 Y−27.5 Z−17.0 R−3.0 Q3.0 F30;	钻孔 5,孔位 X(0,−27.5),加工孔深至 Z−17,R 平面确定在 Z−2 处,每次进刀 3 mm,刀具返回初始平面,进给量为 30 mm/min
X−27.5 Y0;	钻孔 6
X0 Y27.5;	钻孔 7
X27.5 Y0;	钻孔 8
G80;	取消固定循环
G00 Z150.0;	快速抬刀至 Z150
M30;	程序结束并返回起点

表 2-19　　　　　　　　　　　　M8 螺纹底孔加工程序

程　序	说　明
O2415	程序号
G28 G91 Z0;	返回 Z 轴参考点
M06 T05;	换 05 号刀具(ϕ6.8 mm 钻头)
G90 G54 G43 G00 Z100.0 H05;	绝对坐标,第一工件坐标系,Z 向快速定位至 Z100,建立 05 号刀具长度补偿
M03 S1200;	主轴正转,转速为 1 200 r/min
M08;	切削液开
G99 G81 X−41.0 Y−41.0 Z−23.0 R−7.0 F20;	钻孔 1,加工孔深至 Z−23,R 平面确定在 Z−7 处,刀具返回 R 平面,进给量为 20 mm/min
Y41.0;	钻孔 2
X41.0;	钻孔 3
G98 Y−41.0;	钻孔 4,返回初始平面
G80;	取消固定循环
G00 Z150.0;	快速抬刀至 Z150
M30;	程序结束并返回起点

表 2-20　　　　　　　　　　　　M8 螺纹加工程序

程　序	说　明
O2416	程序号
G91 G28 Z0;	返回 Z 轴参考点
M06 T06;	换 06 号刀具(M8 丝锥)
G90 G54 G43 G00 Z100.0 H06;	绝对坐标,第一工件坐标系,Z 向快速定位至 Z100,建立 06 号刀具长度补偿
M03 S100;	主轴正转,转速为 100 r/min
M08;	切削液开
G99 G84 X−41.0 Y−41.0 Z−23.0 R−7.0 F125;	攻螺纹 1,进给量为 125 mm/min,
Y41.0;	攻螺纹 2
X41.0;	攻螺纹 3
G98 Y−41.0;	攻螺纹 4,返回初始平面
G80;	取消固定循环
G00 Z150.0;	快速抬刀至 Z150
M30;	程序结束并返回起点

表 2-21　　　　　　　　　　　　ϕ15.8 mm 钻孔加工程序

程　序	说　明
O2417	程序号
G91 G28 Z0;	返回 Z 轴参考点
M06 T07;	换 07 号刀具(ϕ15.8 mm 钻头)
G90 G54 G43 G00 Z100.0 H07;	绝对坐标,第一工件坐标系,Z 向快速定位至 Z100,建立 07 号刀具长度补偿
M03 S350;	主轴正转,转速为 350 r/min
M08;	切削液开
G98 G83 X0 Y0 Z−23.0 R3.0 Q3.0 F30;	钻孔 9,加工孔深至 Z−23,R 平面确定在 Z3 处,每次进刀 3 mm,刀具返回初始平面,进给量为 30 mm/min
G80;	取消固定循环
G00 Z150.0;	快速抬刀至 Z150
M30;	程序结束并返回起点

表 2-22 铰孔加工程序

程　序	说　明
O2418	程序号
G91 G28 Z0;	返回 Z 轴参考点
M06 T08;	换 08 号刀具（ϕ16H7 铰刀）
G90 G54 G43 G00 Z100.0 H08;	绝对坐标，第一工件坐标系，Z 向快速定位至 Z100，建立 08 号刀具长度补偿
X0 Y0;	快速点定位至(0,0)
Z5.0;	快速定位至 Z5
M03 S100;	主轴正转，转速为 100 r/min
M08;	切削液开
G01 X0 Y0 Z−23.0 F10;	铰孔 9，进给量为 10 mm/min
Z5.0;	抬刀至 Z5
G00 Z150.0;	快速抬刀至 Z150
M30;	程序结束并返回起点

四、自动编程

采用 CAXA 制造工程师软件完成零件的自动编程。

(1)完成孔系零件的实体造型。

(2)完成孔系零件平面轮廓的自动编程。

①选择"相关线"命令，拾取孔系零件平面的加工轮廓。

②选择"平面轮廓精加工"命令，设置加工参数，完成零件的粗、精加工。

微课
平面轮廓自动编程

(3)完成孔系零件孔加工的自动编程。

①选择"孔加工"命令中的"钻孔"命令，完成中心孔的加工。

②选择"孔加工"命令中的"啄式钻孔"命令，完成 4×ϕ4 mm 孔的加工。

③选择"孔加工"命令中的"啄式钻孔"命令，完成 4×M8 孔的底孔加工；选用"孔加工"指令中的"攻丝"命令，完成 4×M8 螺纹的加工。

微课
孔自动编程

④选择"孔加工"命令中的"啄式钻孔"命令，完成 ϕ16H7 底孔的加工；选用"孔加工"命令中的"镗孔"命令，完成 ϕ16H7 孔的加工。

五、仿真加工

仿真加工过程如下：

启动软件→选择机床→回零→设置工件并安装→装刀（T01 至 T08）→导入 O2411 至 O2418 号加工程序→对刀→自动加工→测量尺寸

孔系零件仿真加工结果如图 2-64 所示。

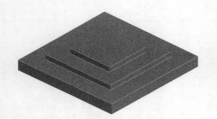

图 2-64　孔系零件仿真加工结果

任务五　槽类零件的编程及仿真加工

任务目标

一、任务描述

如图 2-65 所示槽类零件的材料为 45 钢,毛坯 100 mm×100 mm×22 mm,使用 VDF850 立式数控加工中心,单件生产,编写加工程序,运用 VNUC 软件进行仿真加工。

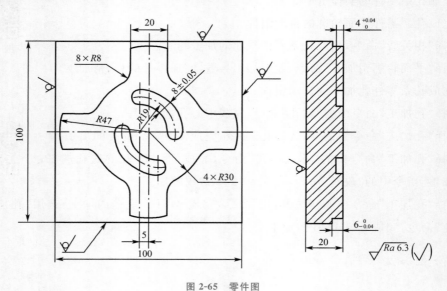

图 2-65　零件图

二、知识目标

1. 熟悉槽类零件的加工工艺。

2. 熟悉残料的去除方法。

3. 掌握 G68/G69 和 G51.1/G50.1 指令及应用。

三、技能目标

1.具有拟定加工工艺文件的能力。

2.具有使用 G68/G69 指令编写旋转轮廓加工程序的能力。

3.具有使用 G51.1/G50.1 指令编写对称轮廓加工程序的能力。

4.具有使用仿真软件验证槽类零件加工程序正确性的能力。

四、素质目标

1.培养严谨规范的行为意识。

2.培养安全生产、追求工件品质的行业责任感。

相关知识

一、加工工艺

1 槽的加工工艺

（1）类型

槽可分为封闭式［图 2-66（a）］、半封闭式［图 2-66（b）］和开放式［图 2-66（c）］三种。

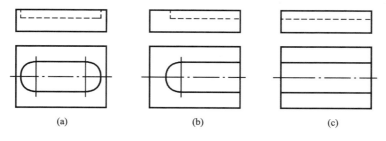

| (a) | (b) | (c) |

图 2-66 槽的类型

（2）刀具

立式加工中心上常用的槽加工刀具主要有立铣刀和键槽铣刀。

①立铣刀

立铣刀从端刃形式上可分为端刃过中心和端刃不过中心两种。立铣刀不仅能加工开放和封闭的直线槽，还能加工曲线槽。其中封闭槽多使用端刃过中心的立铣刀。端刃不过中心的普通立铣刀通常不宜做轴向进给，在铣削封闭槽时，铣前应预钻一个直径略小于立铣刀直径的工艺孔，从工艺孔开始铣削，如图 2-67 所示。

②键槽铣刀

键槽铣刀的外形与立铣刀相似，其端面刀刃延伸至中心，能在垂直进给时切削工件。因此用键槽铣刀铣封闭槽时，可不必预钻工艺孔。

（3）走刀路线

①当槽宽加工精度要求不高时，可按照槽的中心轨迹编程。但因为槽的两壁一侧是顺铣，一侧是逆铣，所以两侧槽壁的加工质量不同。

②当槽宽加工精度要求较高时，应分粗加工和精加工来进行。为有效保护刀具，提高表面质量，通常采用顺铣方式铣削。

封闭槽加工路线如图 2-67 所示。选择圆弧的中心点 A 为下刀点，采用圆弧进刀方式切入工件，刀具沿 $A \to B \to C$ 逆时针方向加工封闭槽，沿 $C \to G \to A$ 退刀。

当封闭槽型腔较小时，也可采用法向进退刀切削，加工路线为 $A \to C \to D \to E \to F \to C \to A$。

2　残料的清除方法

（1）大直径刀具一次性清除残料

无内凹结构且四周加工余量均匀的外形轮廓，可选用较大直径的刀具在粗铣时一次性清除残料，如图 2-68 所示。

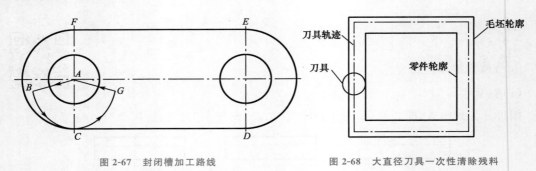

图 2-67　封闭槽加工路线　　　　图 2-68　大直径刀具一次性清除残料

（2）采用增大刀具半径补偿值清除残料

对于轮廓中无内凹结构的外形轮廓，通过增大刀具半径补偿值的方式，分几次切削完成残料清除，如图 2-69（a）所示。

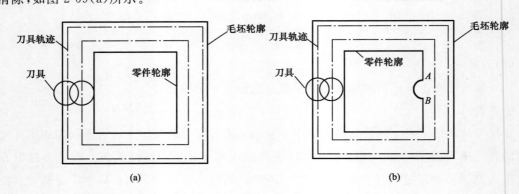

（a）　　　　　　　　　　　　　（b）

图 2-69　增大刀具半径补偿值清除残料

对于轮廓中有内凹结构的外形轮廓，可以忽略内凹形状并用直线替代［图 2-69（b）中将 AB 处看成直线］，通过增大刀具半径补偿值的方式，分多次切削完成残料清除，如图 2-69（b）所示。

（3）单独编写程序段清除残料

具体方法参见图 2-65 中四个边角的残料清除方法。

（4）手动操作清除残料

手工移动工具,去除多余材料。

二、编程基础

1 G68/G69——坐标系旋转指令

（1）功能

使编程图形按照指定的旋转中心及旋转方向将坐标系旋转一定的角度。

（2）指令格式（以 XOY 平面为例）

G68 X __ Y __ R __ ;

……;

G69;

微课

G68/G69 坐标系
旋转指令

其中　G68——坐标系旋转;

　　　　X、Y——旋转中心的坐标值,当 X、Y 省略时,G68 指令认为当前的位置即旋转中心;

　　　　R——旋转角度,取值范围为 ±360°;正值表示沿逆时针方向旋转,负值表示沿顺时针方向旋转,可以用绝对值,也可以用增量值;

　　　　G69——取消坐标系旋转。

注意:

● G69 指令后的第一个移动指令必须用绝对值编程;如果用增量值编程,将执行不正确的移动。

● 旋转指令结束后,G69 不能缺少,以免使坐标系旋转功能一直处于建立状态。

● G69 可以放在其他指令程序段中。

● 如果坐标系旋转指令前有比例缩放指令,则坐标系旋转中心也被缩放,但旋转角度不被缩放。

【例 2-8】　如图 2-70 所示图形 A（图示为刀心轨迹）,绕坐标点 $O_1(20,20)$ 逆时针旋转,旋转角度为 120° 后得到图形 B,试编写图形 B 的加工程序。

加工程序见表 2-23。

图 2-70　坐标系旋转

表 2-23　　　　　　　旋转部分加工程序

程　序	说　明
G68 X20.0 Y20.0 R120;	坐标系绕点(20,20)逆时针旋转 120°
G01 X0 Y20.0 F40;	直线插补至(0,20),进给量为 40 mm/min
X20.0;	直线插补至(20,20)
Y−20.0;	直线插补至(20,−20)
X−20.0;	直线插补至(−20,−20)
Y0;	直线插补至(−20,0)
X0 Y20.0;	直线插补至(0,20)
G00 Z5.0;	快速抬刀至 Z5
G69;	取消坐标系旋转

2 **G51.1/G50.1——可编程镜像指令**

（1）功能

可实现坐标轴的对称加工，如图 2-71 所示。

图 2-71 中各个图像的实现步骤：图形单元（1）为源图像；图形单元（2）为对称轴是 $X=50$ 的镜像图形；图形单元（3）为对称点是（50,50）的镜像图形；图形单元（4）为对称轴是 $Y=50$ 的镜像图形。

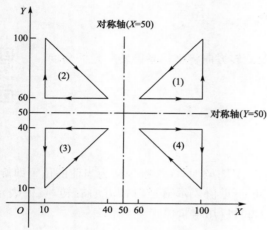

微　课

G51.1/G50.1 可编程镜像指令

图 2-71　可编程镜像

（2）指令格式

G51.1 X ＿ Y ＿ ；

G50.1 X ＿ Y ＿ ；

其中，G51.1 为可编程镜像；X、Y 为指定对称轴或对称点；G50.1 为取消镜像。

注意：

● 执行轴镜像功能后，如果程序中有圆弧指令，则圆弧的旋转方向相反。

● 执行轴镜像功能后，如果程序中有刀具半径补偿指令，则刀具半径补偿的偏置方向相反。

● Z 轴一般不进行镜像加工。

【例 2-9】　如图 2-71 所示，试用 G51.1/G50.1 可编程镜像指令编写图形单元（1）（2）（3）（4）加工程序（图示为刀心轨迹）。

加工程序见表 2-24。

表 2-24　　　　　　　　　　　镜像加工程序

程　序	说　明
O2502	主程序号
G91 G28 Z0;	返回 Z 轴参考点
M06 T01;	换 01 号刀具
M03 S400;	主轴正转，转速为 400 r/min
M08;	切削液开
G00 G90 G54 G43 H01 Z100.0;	绝对坐标，第一工件坐标系，快速定位至 Z100，建立刀具长度补偿
X0 Y0;	快速点定位至（0,0）
Z5.0;	快速定位至 Z5

续表

程　序	说　明
M98 P2503；	调用子程序 O2503 加工图形单元(1)
G51.1 X50.0；	以 $X=50$ 为对称轴开始镜像
M98 P2503；	调用子程序 O2503 加工图形单元(2)
G50.1；	取消镜像
G51.1 X50.0 Y50.0；	以(50,50)为对称点开始镜像
M98 P2503；	调用子程序 O2503 加工图形单元(3)
G50.1；	取消镜像
G51.1 Y50.0；	以 $Y=50$ 为对称轴开始镜像
M98 P2503；	调用子程序 O2503 加工图形单元(4)
G50.1；	取消镜像
M30；	程序结束并返回起点
O2503	子程序号
G00 X60.0 Y60.0；	刀具快速点定位至(60,60)
G01 Z−4.0 F30；	直线插补至 $Z-4$,进给量为 30 mm/min
G01 X100.0；	直线插补至(100,60)
Y100.0；	直线插补至(100,100)
X60.0 Y60.0；	直线插补至(60,60)
G00 Z5.0；	快速抬刀至 $Z5$
M99；	子程序结束

任务实施

一、图样分析

零件加工表面有四个对称的半封闭槽和两个间隔为 $180°$ 的封闭圆弧槽。圆弧槽的两侧面和底面表面粗糙度均为 $Ra\ 6.3\ \mu m$。相对于任务四增加了镜像和旋转图形的编程及仿真加工。

二、加工工艺方案制定

1 加工方案

(1)采用平口钳装夹,毛坯高出钳口 10 mm 左右。

(2)用 $\phi80$ mm 盘铣刀手动铣削毛坯上表面,保证工件高度 20 mm。

(3)用 $\phi20$ mm 立铣刀粗铣去除残料,加工路线如图 2-72 所示。图中各点坐标如下: $A(−65,−42)$、$B(−21,−42)$、$C(−21,−37)$、$D(−40,−23)$、$E(−65,−23)$。另外三个边角的残料采用可编程镜像指令功能去除。

(4)用 $\phi6$ mm 立铣刀粗铣左下角半封闭槽轮廓,单边留 0.1 mm 精加工余量。采用圆弧进退刀,刀具自 $P_1 \rightarrow P_2 \rightarrow P_3 \rightarrow 1 \rightarrow 2 \rightarrow 3 \rightarrow 4 \rightarrow 5 \rightarrow 6 \rightarrow P_4 \rightarrow P_5 \rightarrow P_6$,如图 2-73 所示。另外三个半封闭槽轮廓采用旋转指令加工。

(5)用 $\phi6$ mm 立铣刀采用旋转指令精铣半封闭槽,保证尺寸 $R47$ mm、$R30$ mm 和 $6_{-0.04}^{\ 0}$ mm。

(6)用 $\phi6$ mm 立铣刀采用旋转指令粗铣封闭圆弧槽,单边留 0.1 mm 精加工余量。由于型腔较小,采用法向进退刀。刀具自 $F \rightarrow G \rightarrow H \rightarrow I \rightarrow J \rightarrow G \rightarrow F$,如图 2-74 所示。

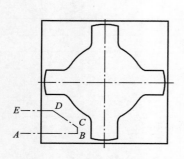

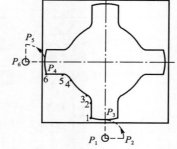

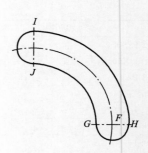

图 2-72 去除残料加工路线　　　　图 2-73 半封闭槽加工路线　　　　图 2-74 圆弧槽加工路线

（7）用 $\phi6$ mm 立铣刀采用旋转指令精铣封闭圆弧槽，保证尺寸 8 ± 0.05 和 $4^{+0.04}_{0}$ mm。

2 刀具选用

槽类零件数控加工刀具卡见表 2-25。

表 2-25　　　　　　　　　　　　　　数控加工刀具卡

零件名称		槽类零件		零件图号		2-65	
序号	刀具号	刀具名称	数量	加工表面	半径补偿号及补偿值	长度补偿号	备注
1		$\phi80$ mm 盘铣刀	1	铣削上表面			手动
2	T01	$\phi20$ mm 立铣刀	1	四角残料		H01	
3	T02	$\phi6$ mm 四刃过中心立铣刀	1	粗加工半封闭槽	D01 (3.1)	H02	
				精加工半封闭槽	D02 (3)		
				粗加工圆弧槽	D03 (3.1)		
				精加工圆弧槽	D04 (3)		

3 加工工序

槽类零件数控加工工序卡见表 2-26。

表 2-26　　　　　　　　　　　　　　数控加工工序卡

单位名称				零件名称		零件图号	
				槽类零件		2-65	
程序号	夹具名称		使用设备	数控系统		场地	
O2511 至 O2516	平口钳		VDF850	FANUC 0i Mate—MC		数控加工实训中心	
工步号	工步内容		刀具号	主轴转速 $n/(\text{r}\cdot\text{min}^{-1})$	进给量 $F/(\text{mm}\cdot\text{r}^{-1})$	背吃刀量 a_p/mm	备注
1	平口钳装夹工件，盘铣刀铣上表面，保证 20 mm 的高度						手动
2	$\phi20$ mm 立铣刀清除残料		T01	150	50	5.98	O2511 O2512
3	$\phi6$ mm 立铣刀粗铣半封闭槽，留 0.1 mm 余量		T02	1 000	40	5.98	O2513
4	$\phi6$ mm 立铣刀精铣半封闭槽		T02	1 200	50	5.98	O2514
5	$\phi6$ mm 立铣刀粗铣圆弧槽，留 0.1 mm 余量		T02	1 000	40	4.02	O2515
6	$\phi6$ mm 立铣刀精铣圆弧槽		T02	1 200	50	4.02	O2516

三、编制加工程序

1 基点计算

半封闭槽基点坐标如图 2-75 所示。圆弧槽基点坐标如图 2-76 所示。

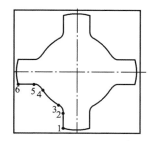

基点	X	Y
1	-10.0	-45.924
2	-10.0	-33.466
3	-14.211	-26.421
4	-26.421	-14.211
5	-33.466	-10.0
6	-45.924	-10.0

图 2-75 半封闭槽基点坐标

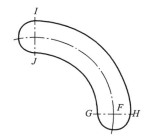

基点	X	Y
F	14.0	0
G	10.0	0
H	18.0	0
I	-5.0	23.0
J	-5.0	15.0

图 2-76 圆弧槽基点坐标

2 加工程序

槽类零件加工程序见表 2-27 至表 2-29。

表 2-27　　　　　　　　　　去除残料加工程序

程　序	说　明
O2511	主程序号
G91 G28 Z0;	返回 Z 轴参考点
M06 T01;	换 01 号刀具(ϕ20 mm 立铣刀)
M03 S150;	主轴正转，转速为 150 r/min
M08;	切削液开
G90 G54 G00 G43 H01 Z100.0;	绝对坐标，第一工件坐标系，快速点定位至 Z100，建立 01 号刀具长度补偿
X−65.0 Y−42.0;	快速点定位至 A(−65，−42)
Z5.0;	快速定位至 Z5
M98 P2512;	调用子程序 O2512
G51.1 Y0;	以 $Y=0$ 为对称轴开始镜像
M98 P2512;	调用子程序 O2512
G50.1;	取消镜像
G51.1 X0 Y0;	以 (0,0) 为对称点开始镜像
M98 P2512;	调用子程序 O2512
G50.1;	取消镜像
G51.1 X0;	以 $X=0$ 为对称轴开始镜像
M98 P2512;	调用子程序 O2512

续表

程 序	说 明
G50.1;	取消镜像
G00 Z150.0;	快速抬刀至 Z150
M30;	程序结束并返回起点
O2512	子程序号
G00 G90 X−65.0 Y−42.0;	绝对坐标,快速点定位至 A(−65,−42)
G01 Z−5.98 F50;	直线插补至 Z−5.98,进给量为 50 mm/min
X−21.0 Y−42.0;	直线插补至 B(−21,−42)
Y−37.0;	直线插补至 C(−21,−37)
X−40.0 Y−23.0;	直线插补至 D(−40,−23)
X−65.0 Y−23.0;	直线插补至 E(−65,−23)
Z5.0;	抬刀至 Z5
M99;	子程序结束

表 2-28　　　　　　　　　　半封闭槽加工程序

程 序	说 明
O2513	主程序号
G91 G28 Z0;	返回 Z 轴参考点
M06 T02;	换 02 号刀具(ϕ6 mm 立铣刀)
M03 S1000;	主轴正转,转速为 1 000 r/min
M08;	切削液开
G90 G54 G00 G43 H02 Z100.0;	绝对坐标,第一工件坐标系,快速点定位至 Z100,建立 02 号刀具长度补偿
X0 Y−62.0;	快速点定位至 P_1(0,−62)
Z5.0;	快速定位至 Z5
M98 P2514;	调用子程序 O2514
G68 X0 Y0 R−90;	坐标系绕(0,0)顺时针旋转 90°
M98 P2514;	调用子程序 O2514
G68 X0 Y0 R−180;	坐标系绕(0,0)顺时针旋转 180°
M98 P2514;	调用子程序 O2514
G68 X0 Y0 R−270;	坐标系绕(0,0)顺时针旋转 270°
M98 P2514;	调用子程序 O2514
G69;	取消坐标系旋转
G00 Z150.0;	快速抬刀至 Z150
M30;	程序结束并返回起点
O2514	子程序号
G00 G90 X0 Y−62.0;	绝对坐标,快速点定位至(0,−62)
G01 Z−5.98 F50;	直线插补至 Z−5.98 ,进给量为 50 mm/min
G01 G41 X15.0 D01 F40;	直线插补至 P_2(15,−62),建立刀具半径左补偿,进给量为 40 mm/min
G03 X0 Y−47.0 R15.0;	圆弧切入工件至点 P_3
G02 X−10.0 Y−45.924 R47.0;	顺时针圆弧插补至基点 1(−10,−45.924)
G01 Y−33.466;	直线插补至基点 2(−10,−33.466)
G03 X−14.211 Y−26.421 R8.0;	逆时针圆弧插补至基点 3(−14.211,−26.421)
G02 X−26.421 Y−14.211 R30.0;	顺时针圆弧插补至基点 4(−26.421,−14.211)
G03 X−33.466 Y−10.0 R8.0;	逆时针圆弧插补至基点 5(−33.466,−10)
G01 X−45.924;	直线插补至基点 6(−45.924,−10.0)
G02 X−47.0 Y0 R47.0;	顺时针圆弧插补至基点 P_4(−47,0)
G03 X−62.0 Y15.0 R15.0;	圆弧切出工件至基点 P_5
G01 G40 Y0;	直线插补至基点 P_6(−62,0),取消刀具半径补偿
Z5.0;	抬刀至 Z5
M99;	子程序结束

注:精加工半封闭槽时,将子程序 O2514 中的 D01 修改为 D02,F40 修改为 F50,将子程序 O2513 中的 S1000 修改为 S1200。

表 2-29 　　　　　　　　　　　　　　圆弧槽加工程序

程 序	说 明
O2515	主程序号
G91 G28 Z0；	返回 Z 轴参考点
M06 T02；	换 02 号刀具（ϕ6 mm 立铣刀）
M03 S1000；	主轴正转，转速为 1 000 r/min
M08；	切削液开
G90 G54 G00 G43 H02 Z100.0；	绝对坐标，第一工件坐标系，快速定位至 Z100，建立 02 号刀具长度补偿
X14.0 Y0；	快速点定位至 F(14,0)
Z5.0；	快速定位至 Z5
M98 P2516；	调用子程序 O2516
G68 X0 Y0 R180；	坐标系绕(0,0)顺时针旋转 180°
M98 P2516；	调用子程序 O2516
G69；	取消坐标系旋转
G00 Z150.0；	快速抬刀至 Z150
M30；	程序结束
O2516	子程序号
G00 G90 X14.0 Y0；	绝对坐标，快速点定位至 F(14,0)
G01 Z−4.02 F20；	直线插补至 Z−4.02，进给量为 20 mm/min
G41 X10.0 Y0 D03 F40；	直线插补至 G，建立刀具半径左补偿，进给量为 40 mm/min
G03 X18.0 Y0 R4.0；	逆时针圆弧插补至 H
G03 X−5.0 Y23.0 R23.0；	逆时针圆弧插补至 I
G03 X−5.0 Y15.0 R4.0；	逆时针圆弧插补至 J
G02 X10.0 Y0 R15.0；	顺时针圆弧插补至 G
G01 G40 X14.0 Y0；	直线插补至 F，取消刀具半径补偿
Z5.0；	抬刀至 Z5
M99；	子程序结束

注：精加工圆弧槽时，将子程序 O2516 中的 D03 修改为 D04，F40 修改为 F50，将子程序 O2515 中的 S1000 修改为 S1200。

四、自动编程

采用 CAXA 制造工程师软件完成零件的自动编程。

（1）完成槽类零件的实体造型。

（2）完成半封闭槽轮廓的自动编程。

①选择"相关线"命令，拾取半封闭槽的加工轮廓。

②选择"平面轮廓精加工"命令，设置加工参数，完成半封闭槽的粗、精加工。

（3）完成圆弧槽加工的自动编程。

①选择"相关线"命令，拾取圆弧槽的加工轮廓。

②选择"平面轮廓精加工"命令，设置加工参数，完成圆弧槽的粗、精加工。

微课

半封闭槽自动编程

微课

圆弧槽自动编程

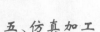

五、仿真加工

仿真加工的工作过程如下：

启动软件→选择机床→回零→设置工件并安装→装刀（T01、T02）→导入 O2511 至 O2516 号加工程序→对刀→自动加工→测量尺寸。

槽类零件仿真加工结果如图 2-77 所示。

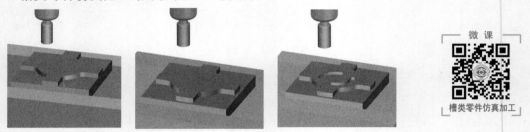

图 2-77   槽类零件仿真加工结果

> 微课
>
> 槽类零件仿真加工

任务六   非圆曲面类零件的编程及仿真加工

任务目标

一、任务描述

图 2-78 为非圆曲面类零件图。该零件材料为 45 钢，毛坯为 100 mm×100 mm×22 mm，使用 VDF850 立式数控加工中心，单件生产，编写加工程序，运用 VNUC 软件进行仿真加工。

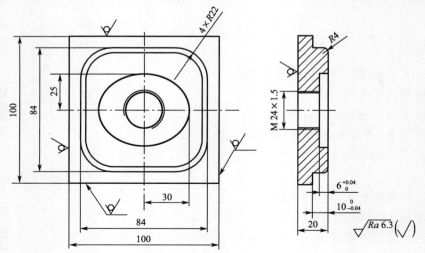

图 2-78   非圆曲面类零件图

二、知识目标

1. 熟悉椭圆、铣螺纹和空间倒角与倒圆的加工工艺。
2. 掌握 G65、G02 和 G03 指令及应用。
3. 学习非圆曲面类零件铣削时的编程方法。

三、技能目标

1. 具有一定的读图能力。
2. 具有使用变量和 G65、G02 及 G03 指令编写加工程序的初步能力。
3. 具有使用仿真软件验证程序正确性的能力。

四、素质目标

1. 培养质量意识、守时意识和规范意识。
2. 培养敬业、精益、专注、创新的工匠精神。

相关知识

一、加工工艺

知识导图

1 铣螺纹

（1）工作原理

铣螺纹就是利用螺纹铣刀铣削内、外螺纹的加工方法。其工作原理是应用 G02/G03 螺旋插补指令，刀具沿工件表面切削，螺旋插补一周，刀具沿 Z 轴负方向走一个螺距。

右旋内螺纹加工从里往外切削，左旋内螺纹加工从外往里切削，主要是为了保证顺铣，提高加工效率。

（2）铣螺纹特点

①加工精度高、效率高。

②一把铣刀可以加工相同螺距的任意直径螺纹，既可以加工右旋螺纹，也可以加工左旋螺纹。

③加工时产生的始终是短切屑，不存在切屑处理问题。

④免去准备大量不同类型丝锥工作。

⑤大批量生产，使用广泛。

2 轮廓空间倒角与倒圆加工

（1）加工刀具与方式

①成型铣刀铣削方式

倒角一般用倒角刀，也可以用定心钻。倒角刀有整体式和机夹可转位式两种，如图 2-79 所示。其形状与锪钻基本相同，但是锪钻主要用于垂直进刀加工孔口倒角，倒角刀可以垂直于刀具轴线切削,用于内孔倒角、外圆倒角和棱边倒角,倒角角度一般为 45°。倒圆一般用圆角铣刀,如图 2-80 所示。

图 2-79　倒角刀　　　　　　　　　　　　　　图 2-80　圆角铣刀

通过调整成型铣刀的刀具半径补偿值,完成倒角与倒圆加工。成型铣刀属于非标准刀具,成本高,用于大批量生产。

②普通铣刀铣削方式

采用宏程序,通过拟合理论轮廓的方式,完成空间倒角与倒圆加工。常用平底立铣刀粗加工,再用球头铣刀精加工,主要用于单件、小批量生产。

(2)普通铣刀铣削工艺

①加工工序

一般先加工零件基本轮廓,然后用宏程序指令使刀具在轮廓上进行拟合加工,最后加工出相应的空间倒角或倒圆。

②精加工切削用量选择

精铣时为了保证质量,一般采用小切深、大进给、高转速的策略。

二、编程基础

1　椭圆的编程

(1)椭圆凸台编程

椭圆凸台如图 2-81 所示。椭圆初始角度♯1 为主变量,进行轮廓拟合加工时的 X 和 Y 坐标(♯2 和♯3)为从变量,根据椭圆方程知 X 坐标♯2＝40＊COS[♯1],Y 坐标♯3＝30＊SIN[♯1]。粗、精加工都采用椭圆路线走刀,加工程序见表 2-30。

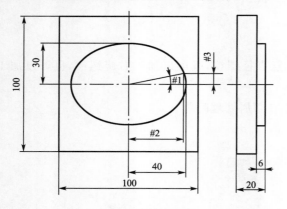

微课

椭圆凸台编程

图 2-81　椭圆凸台

表 2-30 椭圆凸台加工程序

程 序		说 明
O266		程序号
N10	G28 G91 Z0;	返回 Z 轴参考点
N20	M06 T01;	换 01 号刀具(φ20 mm 立铣刀)
N30	G54 G90 G00 X0 Y0;	绝对坐标,第一工件坐标系,快速点定位至(0,0)
N40	G43 Z50.0 H01;	刀具快速定位至 Z50,建立刀具长度补偿
N50	M03 S300;	主轴正转,转速为 300 r/min
N60	M08;	切削液开
N70	G00 X75.0 Y0;	刀具快速点定位至(75,0)
N80	Z5.0;	刀具快速定位至 Z5
N90	#1=0;	主变量(椭圆初始角度)赋初始值
N100	G01 Z−6.0 F50;	直线插补至 Z−6,进给量为 50 mm/min
N110	G41 G01 X55.0 Y15.0 D01;	建立刀具半径左补偿
N120	G03 X40.0 Y0 R15.0;	圆弧切入工件
N130	#2=40.0 * COS[#1];	X 向变量计算
N140	#3=30.0 * SIN[#1];	Y 向变量计算
N150	G01 X#2 Y#3;	直线插补进行轮廓逼近
N160	#1=#1+1.0;	每次角度递增量为 1°
N170	IF [#1LE360.0] GOTO 130;	当初始角度小于或等于 360°,转移到 N130
N180	G03 X55.0 Y−15.0 R15.0;	圆弧切出工件
N190	G40 G01 X75.0 Y0;	取消刀具半径补偿
N200	G00 Z150.0;	快速抬刀至 Z150
N210	M30;	程序结束并返回起点

注意:

● 粗加工时角度递增量可以取大些;

● 粗加工程序可以不用圆弧切入与切出;

● 通过修改刀具半径补偿值 D01 进行粗加工,使用 φ20 mm 立铣刀,粗铣第一刀 D01＝27,粗铣第二刀 D01＝10.1;精铣 D01＝10,同时修改主轴转速为 800,进给量为 40。

（2）椭圆型腔编程

指令格式

G65 P(宏程序号) L(重复次数)(变量分配)

其中 P(宏程序号)——被调用的宏程序号;

L(重复次数)——宏程序重复运行的次数,重复次数为 1 时可以省略;

(变量分配)——为宏程序中使用的变量赋值;

实例参见图 2-81 中使用 G65 指令铣削椭圆型腔编程实例,加工程序见表 2-35 和表 2-36。

2 G02/G03——螺旋插补指令

（1）功能

刀具做圆弧插补的同时与之同步地做轴向直线运动,形成螺旋线。

（2）指令格式:以 XY 平面为例

格式 1:G17 G02/G03 X __ Y __ Z __ I __ J __ α __ (β __) F __;

格式 2：G17 G02/G03　X＿＿Y＿＿Z＿＿R＿＿α＿＿（β＿＿）F＿＿；

其中　G02/G03——螺旋线的旋向；

　　　　X、Y、Z——螺旋线终点坐标；

　　　　I、J——螺旋线投影圆的圆心在 X、Y 轴相对于螺旋线起点的相对坐标；

　　　　R——螺旋线投影圆的半径；

　　　　α、β——圆弧插补不用的任意一轴，最多可以同时指定两个其他轴，如无特殊要求可以省略；

　　　　F——沿圆弧的进给速度；沿螺纹轴线的进给速度 ＝ F×直线轴的长度/圆弧的长度。

实例参见图 2-78 中使用 G02 指令铣削螺纹编程实例，加工程序见表 2-38。

任务实施

一、图样分析

非圆曲面类零件图如图 2-78 所示，零件加工表面有倒圆的正方形凸台、椭圆型腔和 M24×1.5 螺纹孔等。与前面任务对比，本任务的重点是变量的使用及编程。

二、加工工艺方案制定

1　加工方案

（1）采用平口钳装夹，毛坯高出钳口 15 mm 左右。

（2）用 ϕ80 mm 盘铣刀手动铣削毛坯上表面，保证工件高度 20 mm。

（3）用 ϕ16 mm 立铣刀粗铣正方形凸台，单边留 0.1 mm 精加工余量。

（4）用 ϕ12 mm 立铣刀精铣正方形凸台至尺寸，采用圆弧进刀的方法，刀具自 A→B→C→顺时针方向加工带圆角凸台，沿C→D→A退刀，加工路线如图 2-82 所示。

（5）用 ϕ8 mm 立铣刀粗铣空间倒圆。

（6）用 ϕ8 mm 球头铣刀精铣空间倒圆。

（7）用 ϕ12 mm 立铣刀粗铣椭圆型腔，单边留 0.1 mm 精加工余量，注意在加工前先预钻 ϕ12 mm 工艺孔，粗加工第一刀走直线，然后沿椭圆路线粗车。

（8）用 ϕ8 mm 立铣刀精铣椭圆型腔至尺寸。

（9）钻中心孔。

（10）用 ϕ20 mm 钻头钻孔。

（11）用 ϕ22.5 mm 扩孔钻扩孔。

（12）用螺纹铣刀铣 M24×1.5 螺纹孔。

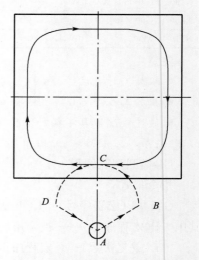

图 2-82　带圆角正方形凸台的加工路线

2 **刀具的选用**

非圆曲面类零件数控加工刀具卡见表2-31。

表 2-31　　　　　　　　　　　非圆曲面类零件数控加工刀具卡

零件名称		非圆曲面类零件		零件图号		2-78	
序号	刀具号	刀具名称	数量	加工表面	半径补偿号及补偿值	长度补偿号	备注
1		ϕ80 mm 盘铣刀	1	铣削上表面			手动
2	T01	ϕ16 mm 立铣刀	1	粗铣正方形凸台	D01(13、8.1)	H01	
3	T02	ϕ12 mm 立铣刀	1	精铣正方形凸台	D01(6)	H02	
				粗铣型腔	D01(14、6.1)		
4	T03	ϕ8 mm 立铣刀	1	粗铣空间倒圆		H03	
				精铣型腔	D01(4)		
5	T04	ϕ8 mm 球头铣刀	1	精铣空间倒圆		H04	
6	T05	中心钻	1	钻中心孔		H05	
7	T06	ϕ20 mm 钻头	1	钻孔		H06	
8	T07	扩孔钻	1	扩孔至 ϕ22.5 mm		H07	
9	T08	螺纹铣刀	1	铣 M24 螺纹孔		H08	

3 **加工工序**

非圆曲面类零件数控加工工序卡见表2-32。

表 2-32　　　　　　　　　　　非圆曲面类零件数控加工工序卡

单位名称				零件名称	零件图号
				非圆曲面类零件	2-78
程序号	夹具名称		使用设备	数控系统	场地
O2611 至 O2618	平口钳		VDF850	FANUC 0i-Mate	数控实训中心
工步号	工步内容		刀具号	主轴转速 $n/(\mathrm{r \cdot min^{-1}})$	进给量 $F/(\mathrm{r \cdot mm^{-1}})$	背吃刀量 a_p/mm	备注
---	---	---	---	---	---	---	---
1	平口钳装卡工件,盘铣刀将上表面铣平,保证 20 mm 的高度						手动
2	粗铣正方形凸台		T01	300	60	9.98	O2611
3	精铣正方形凸台		T02	500	100	9.98	O2612
4	粗铣空间倒圆		T03	800	100		自动编程
5	精铣空间倒圆		T04	1 200	300		
6	粗铣椭圆型腔		T02	600	50	6.02	O2615
7	精铣椭圆型腔		T03	1 200	100	6.02	O2616
8	钻中心孔		T05	2 000	30		
9	钻孔		T06	300	30		O2617
10	扩孔		T07	280	20		
11	铣螺纹孔		T08	1 000	80		O2618

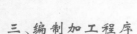

158　　数控编程及加工技术

三、编制加工程序

微课

正方形凸台自动
编程

1 铣正方形凸台编程

加工程序见表 2-33 和表 2-34。

表 2-33　　　　　　　　　　　　　　铣正方形凸台主程序

程　序	说　明
O2611	主程序号
G28 G91 Z0;	返回 Z 轴参考点
M06 T01;	换 01 号刀具（ϕ16 mm 立铣刀）
G54 G90 G00 X0 Y0;	绝对坐标，第一工件坐标系，快速点定位至（0,0）
G43 Z50.0 H01;	快速定位至 Z50，建立刀具长度补偿
M03 S300;	主轴正转，转速为 300 r/min
M08;	切削液开
X0 Y−77.0;	快速点定位至（0,−77）
Z5.0;	快速定位至 Z5
G01 Z−9.98 F60;	直线插补至 Z−9.98，进给量为 60 mm/min
M98 P2612;	调用子程序 O2612
Z5.0;	抬刀至 Z5
G00 Z150.0;	快速抬刀至 Z150
M30;	程序结束并返回起点

表 2-34　　　　　　　　　　　　　　铣正方形凸台子程序

程　序	说　明
O2612	子程序号
G41 G01 X25.0 D01;	
G03 X0 Y−42.0 R25.0;	
G01 X−20.0;	
G02 X−42.0 Y−20.0 R22.0;	
G01 Y20.0;	
G02 X−20.0 Y42.0 R22.0;	
G01 X20.0;	顺时针铣削带圆角的正方形凸台
G02 X42.0 Y20.0 R22.0;	
G01 Y−20.0;	
G02 X20.0 Y−42.0 R22.0;	
G01 X0;	
G03 X−25.0 Y−67.0 R25.0;	
G40 G01 X0;	
M99;	子程序结束

注意：

（1）通过修改刀具半径值 D01 进行粗加工，使用 ϕ16 mm 立铣刀，粗铣第一刀 D01＝13，粗铣第二刀 D01＝8.1。

（2）精铣换 02 号 ϕ12 mm 立铣刀，把程序中 T01 改为 T02，H01 改为 H02，D01＝6，同时修改主轴转速为 500，进给量为 100。

2 **铣正方形凸台的倒圆编程**

铣正方形凸台的倒圆编程

采用CAXA制造工程师软件完成正方形凸台倒圆的自动编程。

(1)选择"拾取表面"命令,选取倒圆面。

(2)选择"参数线精加工"命令,设置加工参数,完成倒圆面的粗、精加工。

倒圆面自动编程

椭圆型腔自动编程

3 **椭圆型腔编程**

加工程序见表2-35和表2-36。

表2-35 椭圆型腔加工主程序

程 序		说 明
O2615		主程序号
N10	G28 G91 Z0;	返回Z轴参考点
N20	M06 T02;	换02号刀具(ϕ12 mm立铣刀)
N30	G54 G90 G00 X0 Y0;	绝对坐标,第一工件坐标系,快速点定位至(0,0)
N40	G43 Z50.0 H02;	快速定位至Z50,建立刀具长度补偿
N50	M03 S600;	主轴正转,转速为600 r/min
N60	M08;	切削液开
N70	X5.0 Y0;	快速点定位至(5,0)
N80	Z5.0;	快速定位至Z5
N90	G01 Z−6.02 F50;	直线插补至Z−6.02,进给量为50 mm/min
N100	X−5.0;	直线插补粗铣一刀
N110	G65 P2616;	调用子程序O2616
N120	G01 Z5.0;	抬刀至Z5
N130	G00 Z150.0;	快速抬刀至Z150
N140	M30;	程序结束并返回起点

表2-36 椭圆型腔加工子程序

程 序		说 明
O2616		子程序号
N10	G41 G01 X0 D01;	建立刀具半径左补偿
N20	♯1=30;	设置椭圆长半轴半径
N30	♯2=25;	设置椭圆短半轴半径
N40	♯3=0;	设置椭圆初始角度为0
N50	IF［♯3 GT 360］GOTO 110;	当角度大于360°转移至N110,跳出循环
N60	♯4=♯1*COS［♯3］;	X向坐标计算
N70	♯5=♯2*SIN［♯3］;	Y向坐标计算
N80	G01 X♯4 Y♯5;	直线插补进行轮廓逼近
N90	♯3=♯3+2.0;	每次角度递增量为2°
N100	GOTO 50;	返回N50,继续循环
N110	G40 X5.0;	取消刀具半径补偿
N120	M99;	子程序结束

注意：

通过修改刀具半径值 D01 进行粗加工，使用 ϕ12 mm 立铣刀，粗铣第一刀 D01＝14，粗铣第二刀 D01＝6.1。

精铣换 03 号 ϕ8 mm 立铣刀，把程序中 T02 改为 T03，H02 改为 H03，D01＝4。同时修改主轴转速为 1200，进给量为 100。

4 M24×1.5 螺纹

加工程序见表 2-37 和表 2-38。

微课

M24×15内螺纹
自动编程

表 2-37　　　　　　　　内螺纹底孔加工程序

程　序		说　明
O2617		程序号
N10	G28 G91 Z0;	返回 Z 轴参考点
N20	M06 T05;	换 05 号刀具（中心钻）
N30	G54 G90 G00 X0 Y0;	绝对坐标，第一工件坐标系，快速点定位至（0,0）
N40	G43 Z50.0 H05;	快速定位至 Z50，建立刀具长度补偿
N50	M03 S2000;	主轴正转，转速为 2 000 r/min
N60	M08;	切削液开
N70	Z5.0;	快速定位至 Z5
N80	G98 G81 Z－9.0 R－3.0 F30;	钻中心孔
N90	G80;	取消固定循环
N100	G00 Z150.0;	快速抬刀至 Z150
N110	M06 T06;	换 06 号刀具（ϕ20 mm 钻头）
N120	G54 G90 G00 X0 Y0;	绝对坐标，第一工件坐标系，快速点定位至（0,0）
N130	G43 Z50.0 H06;	快速定位至 Z50，建立刀具长度补偿
N140	M03 S300;	主轴正转，转速为 300 r/min
N150	Z5.0;	快速定位至 Z5
N160	G98 G81 Z－25.0 R－3.0 F30;	钻孔循环
N170	G80;	取消固定循环
N180	G00 Z150.0;	快速抬刀至 Z150
N190	M06 T07;	换 07 号刀具（ϕ22.5 mm 扩孔钻）
N200	G54 G90 G00 X0 Y0;	绝对坐标，第一工件坐标系，快速点定位至（0,0）
N210	G43 Z50.0 H07;	刀具快速定位至 Z50，建立刀具长度补偿
N220	M03 S280;	主轴正转，转速为 280 r/min
N230	Z5.0;	刀具快速定位至 Z5
N240	G98 G81 Z－25.0 R－3.0 F20;	钻孔循环
N250	G80;	取消固定循环
N260	G00 Z150.0;	快速抬刀至 Z150
N270	M30;	程序结束并返回起点

表 2-38　　　　　　　　　　内螺纹铣削加工程序

程　序		说　明
O2618		程序号
N10	G28 G91 Z0;	返回 Z 轴参考点
N20	M06 T08;	换 08 号刀具（螺纹铣刀）
N30	G54 G90 G00 X0 Y0;	绝对坐标，第一工件坐标系，快速点定位至（0，0）
N40	G43 Z50.0 H08;	刀具快速定位至 Z50，建立刀具长度补偿
N50	M03 S1000;	主轴正转，转速为 1 000 r/min
N60	M08;	切削液开
N70	X0 Y0;	刀具快速点定位至（0，0）
N80	Z5.0;	刀具快速定位至 Z5
N90	#1=0;	定义 Z 坐标初始值
N100	G42 G01 X12.0 Y0 D01 F80;	建立刀具半径补偿，进给量为 80 mm/min
N110	Z−6.0;	直线插补至 Z−6
N120	WHILE［#1 LE 15.5］DO 1;	如果 #1 小于或等于 15.5，循环 1 继续
N130	G02 I−12.0 Z−#1;	顺时针螺旋加工至下一层
N140	#1=#1+1.5;	Z 坐标每圈递增一个螺距
N150	END 1;	循环 1 结束
N160	G40 G01 X0 Y0;	取消刀具半径补偿
N170	G00 Z150.0;	快速抬刀至 Z150
N180	M30;	程序结束并返回起点

四、仿真加工

仿真加工的工作过程如下：

启动软件→选择机床→回零→设置毛坯并安装→基准工具 X、Y 向对刀→导入程序 O2611 至 O2618→装刀→Z 向对刀→输入刀具半径补偿值→自动加工→测量尺寸。

注意：本任务程序较多，因此在基准工具完成 X、Y 向对刀后，按照加工要求导入程序、对刀、输入刀具补偿值。

仿真加工结果如图 2-83 所示。

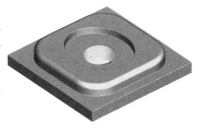

图 2-83　仿真加工结果

任务七　配合件的编程及仿真加工

任务目标

一、任务描述

为图 2-84 所示配合零件编写加工程序，工件 1 毛坯为 100 mm×85 mm×25 mm，工件 2 毛坯为 100 mm×85 mm×15 mm，材料均为 45 钢，运用 VNUC 软件进行仿真加工。

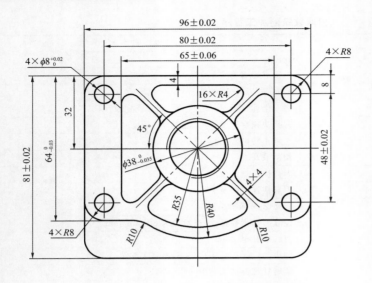

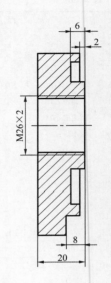

（a）工件1零件图

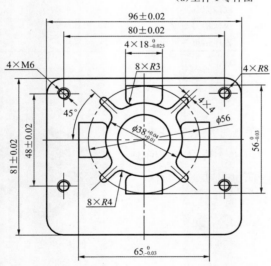

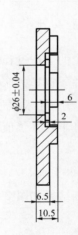

（b）工件2零件图

图 2-84　零件图

二、知识目标

1.熟悉配合件的加工工艺知识。

2.学习综合件的高速铣削的基本知识。

三、技能目标

1.具有提高配合件工艺分析能力。

2.具有保证加工精度、配合尺寸的能力。

3.具有配合尺寸检测的能力。

四、素质目标

1.培养发现问题与独立解决问题的应变能力和创造能力。

2.培养团队合作意识、质量意识和安全操作意识。

相关知识

知识导图

高速切削通常指切削速度超过传统切削速度5~10倍的切削加工。高速切削包括高速铣削、高速车削、高速钻孔和高速车铣等,其中高速铣削应用最广。高速铣削铝合金的速度可达2 000~7 500 m/min,加工铸铁可达900~5 000 m/min,加工钢可达600~3 000 m/min。

高速切削在航空航天业、模具工业、电子行业、汽车工业等领域得到广泛应用,主要特点如下:

(1)加工效率高

在保持进给速度与切削速度的比值不变的情况下,随着切削速度的提高,切削时间将迅速减少。虽然加工时切削深度小,但由于主轴转速高,进给速度快,因此单位时间内的切除量增加了,效率也提高了。

(2)加工精度高

高速切削具有较高的材料去除率并能相应减小切削力。切削力减小,工件在加工过程中受力变形显著减小,有利于提高加工精度。

(3)表面质量好

高速切削时的切削力变化幅度小,切削振动对加工质量的影响小。同时,高速切削使传入工件的切削热的比例大幅度减少,加工表面受热时间短,切削温度低,有利于保持良好的表面物理性能及力学性能。

(4)加工能耗低

高速切削时,单位功率所切削的材料体积显著增大,切削率高、能耗低、工件制造时间短,提高设备的利用率,降低了切削加工在制造系统资源总量中的比例。

(5)可加工各种难加工材料

航空和动力部门采用的钛合金、镍基合金等材料,强度大、硬度高、耐冲击,加工中容易硬化,切削温度高,刀具磨损严重,因此在普通加工中一般采用很低的切削速度。如果采用高速切削加工,速度可提高到100~1 000 m/min,为常规切削速度的10倍左右,不但可大幅度提高生产效率,而且可以有效地减少刀具磨损,提高零件加工的表面质量。

任务实施

一、图样分析

该任务是典型的配合件产品,两件产品完成后的配合效果是该任务的关键。工件1主要加工轮廓有:$\phi 38_{-0.035}^{0}$ mm 圆台、扇形槽、M26×2 螺纹、4×$\phi 8_{0}^{+0.02}$ mm 孔及外轮廓的加工;工件 2 主要加工轮廓有：4 个方台、$\phi(26\pm0.04)$ mm 孔、花形槽、$4\times$M6 螺纹孔、$\phi 38^{+0.04}_{+0.01}$ mm 内圆孔及外轮廓加工。

二、加工工艺方案制定

(一)工件 1 加工工艺方案制定

①　工件 1 加工方案

(1)采用平口钳装夹,毛坯高出钳口 15 mm 左右。

(2)手动铣削毛坯上表面。

(3)粗、精铣外轮廓。

(4)加工 M26×2 螺纹定位孔、底孔。

(5)工件调面装夹,利用 M26×2 螺纹底孔找正。

(6)手动铣削毛坯上表面,保证工件高度 20 mm。

(7)粗、精铣外轮廓。

(8)粗、精加工 $\phi 38^{\,0}_{-0.035}$ mm 圆台。

(9)粗、精加工扇形槽。

(10)加工 $4\times\phi 8^{+0.02}_{0}$ mm 孔。

(11)加工 M26×2 螺纹。

②　工件 1 数控加工刀具

工件 1 数控加工刀具卡见表 2-39。

表 2-39　　　　　　　　　　　**工件 1 数控加工刀具卡**

零件名称		工件 1		零件图号		2-84(a)	
序号	刀具号	刀具名称	数量	加工表面	半径补偿号	长度补偿号	备注
1		$\phi 60$ mm 盘铣刀	1	铣削上表面			手动
2	T01	$\phi 16$ mm 立铣刀	1	粗铣外轮廓	D01 D10 D11	H01	
3	T02	$\phi 12$ mm 立铣刀	1	精铣外轮廓、$\phi 38^{\,0}_{-0.035}$ mm 圆台 M26×2 螺纹底孔	D02	H02	
4	T03	$\phi 8$ mm 立铣刀	1	粗加工扇形槽	D03	H03	
5	T04	$\phi 6$ mm 立铣刀	1	精加工扇形槽	D04	H04	
6	T05	A4 中心钻	1	定位孔	D05	H05	
7	T06	$\phi 7.8$ mm 钻头	1	$4\times\phi 8^{+0.02}_{0}$ mm 孔	D06	H06	
8	T07	$\phi 8$ mm 铰刀	1	$4\times\phi 8^{+0.02}_{0}$ mm 孔	D07	H07	
9	T08	螺纹铣刀	1	M26×2 螺纹	D08	H08	
编制		审核		批准		日期	共 1 页	第 1 页

③　工件 1 数控加工工序

工件 1 数控加工工序卡见表 2-40。

表 2-40　　　　　　　　　　　　　　　　　工件 1 数控加工工序卡

单位名称				零件名称		零件图号	
				工件 1		2-84(a)	
程序编号	夹具名称		使用设备	数控系统		场地	
O2705 等	平口钳		VDF850	FANUC 0i-Mate		数控实训中心	
工步号	工步内容		刀具号	主轴转速 $n/(\text{r}\cdot\text{min}^{-1})$	进给量 $F/(\text{mm}\cdot\text{r}^{-1})$	背吃刀量 a_p/mm	备注
1	平口钳装夹,$\phi60$ mm 盘铣刀铣上表面						手动
2	$\phi16$ mm 立铣刀粗铣外轮廓(底面)		T01	3 000	1 200	0.4	
3	$\phi12$ mm 立铣刀精铣外轮廓(底面)		T02	3 000	500	12	
4	$\phi12$ mm 立铣刀加工 M26×2 螺纹底孔		T02	3 000	1 000	0.4	
5	工件调面装夹,利用 M26×2 螺纹底孔找正						手动
6	手动铣削毛坯上表面,保证工件高度 20 mm						
7	$\phi16$ mm 立铣刀粗铣外轮廓(正面)		T01	3 000	1 200	0.4	
8	$\phi12$ mm 立铣刀精铣外轮廓(正面)		T02	3000	500	4	
9	$\phi16$ 立铣刀粗加工 $\phi38_{-0.035}^{0}$ mm 圆台		T01	3 000	1 200	0.4	
10	$\phi12$ mm 立铣刀精铣 $\phi38_{-0.035}^{0}$ mm 圆台		T02	3 000	500	2	
11	$\phi8$ mm 立铣刀粗加工扇形槽		T03	3 000	1 000	0.3	
12	$\phi6$ mm 立铣刀精加工扇形槽		T04	3 000	500	2	
13	加工 $4\times\phi8_{0}^{+0.02}$ mm 定位孔		T05	2 000	60	2	
14	$\phi8$ mm 钻头加工 $4\times\phi8_{0}^{+0.02}$ mm 孔		T06	600	60	3	
15	$\phi8$ mm 铰刀铰削 $4\times\phi8_{0}^{+0.02}$ mm 孔		T07	100	20	21	
16	M26×2 螺纹底孔精加工		T02	3 000	1 000	10	
17	螺纹刀加工 M26×2 螺纹		T08	600	1 200	2	
编制		审核		批准	日期	共 1 页	第 1 页

（二）工件 2 加工工艺方案制定

① 工件 2 加工方案

（1）采用平口钳装夹,毛坯高出钳口 10 mm 左右。

（2）手动铣削毛坯上表面。

（3）粗、精铣外轮廓。

（4）加工 $\phi(26\pm0.04)$ mm 圆孔。

（5）工件调面装夹,利用 $\phi(26\pm0.04)$ mm 圆孔找正。

（6）手动铣削毛坯上表面,保证工件高度 10.5 mm。

（7）粗、精铣外轮廓。

（8）粗、精加工小方台。

（9）粗、精加工 $\phi38_{+0.01}^{+0.04}$ mm 圆孔。

（10）粗、精加工花形槽。

（11）加工 4×M6 螺纹孔。

2 工件数控加工刀具

工件 2 数控加工刀具卡见表 2-41。

表 2-41   工件 2 数控加工刀具卡

零件名称		工件 2			零件图号		2-84(b)	
序号	刀具号	刀具名称	数量	加工表面	半径补偿号	长度补偿号	备注	
1		$\phi60$ mm 盘铣刀	1	铣削上表面			手动	
2	T01	$\phi16$ mm 立铣刀	1	粗铣外轮廓、$\phi(26\pm0.04)$ mm 圆孔、$\phi38^{+0.04}_{+0.01}$ mm 圆孔、小方台	D01	H01		
3	T02	$\phi12$ mm 立铣刀	1	精铣外轮廓、$\phi(26\pm0.04)$ mm 圆孔、$\phi38^{+0.04}_{+0.01}$ mm 圆孔、小方台	D02 D20	H02		
4	T03	$\phi3$ mm 立铣刀	1	花形槽	D03 D31	H03		
5	T04	A4 中心钻	1	定位孔	D04	H04		
6	T05	$\phi5.2$ mm 钻头	1	4×M6 螺纹底孔	D05	H05		
7	T06	M6 丝锥	1	4×M6 螺纹孔	D06	H06		
编制		审核		批准	日期		共 1 页	第 1 页

3 工件 2 数控加工工序

工件 2 数控加工工序卡见表 2-42。

表 2-42   工件 2 数控加工工序卡

单位名称				零件名称		零件图号	
				工件 2		2-84(b)	
程序编号	夹具名称		使用设备	数控系统		场地	
O2705 等	平口钳		VDF850	FANUC 0i-Mate		数控实训中心	
工步号	工步内容		刀具号	主轴转速 $n/(\mathrm{r\cdot min^{-1}})$	进给量 $F/(\mathrm{mm\cdot r^{-1}})$	背吃刀量 a_p/mm	备注
1	平口钳装夹，$\phi60$ mm 盘铣刀铣上表面						手动
2	$\phi16$ mm 立铣刀粗铣外轮廓		T01	3 000	1 200	0.4	
3	$\phi12$ mm 立铣刀精铣外轮廓		T02	3 000	500	5	
4	$\phi12$ mm 立铣刀加工 $\phi(26\pm0.04)$ mm 圆孔		T02	3 000	1 000	0.3	
5	工件调面装夹，利用 $\phi(26\pm0.04)$ mm 圆孔找正						手动
6	$\phi60$ mm 盘铣刀手动铣削毛坯上表面，保证工件高度 10.5 mm						
7	粗加工小方台		T01	3 000	1 000	0.4	
8	精加工小方台		T02	3 000	500	4	
9	粗加工 $\phi38^{+0.04}_{+0.01}$ mm 圆孔		T01	3 000	1 200	0.4	
10	精加工 $\phi38^{+0.04}_{+0.01}$ mm 圆孔		T02	3 000	500	2	
11	粗加工花形槽		T03	2 000	260	0.4	
12	精加工花形槽		T03	2 000	500	2	
13	加工 4×M6 螺纹定位孔		T04	2000	60	2	
14	加工 4×M6 螺纹底孔		T05	600	60	11	
15	加工 4×M6 螺纹		T06	100	100	9	
编制		审核		批准	日期	共 1 页	第 1 页

三、编制加工程序

（1）工件 1 的工步 2、3 外轮廓（底面）铣削路线如图 2-85 所示，加工程序详见二维码。以螺纹孔中心为工件坐标系原点。

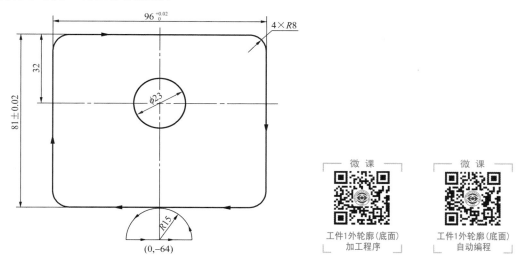

图 2-85　外轮廓（底面）铣削路线

（2）工件 1 工步 4 的 M26×2 螺纹底孔加工程序详见二维码。

（3）工件 1 的外轮廓（正面）去除残料铣削路线如图 2-86 所示，外轮廓（正面）铣削路线如图 2-87 所示。工步 7、8 外轮廓粗、精加工程序详见二维码。

$A_1(58.61,\ -40.44)$

$A_2(-58.61,\ -40.44)$

$A_3(-58.61,\ -48.44)$

$A_4(58.61,\ -48.44)$

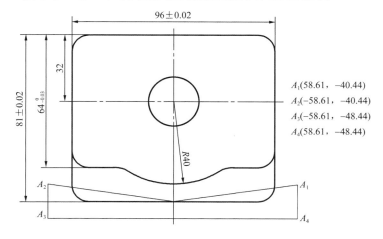

图 2-86　外轮廓（正面）去除残料铣削路线

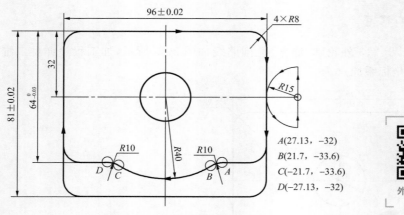

图 2-87　外轮廓(正面)铣削路线

（4）工件 1 的 $\phi 38_{-0.035}^{0}$ mm 圆台铣削路线如图 2-88 所示。工步 9、10 的 $\phi 38_{-0.035}^{0}$ mm 圆台粗、精加工程序详见二维码。

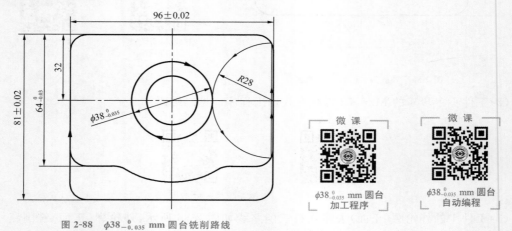

图 2-88　$\phi 38_{-0.035}^{0}$ mm 圆台铣削路线

（5）工件 1 的工步 11、12 扇形左右槽粗、精加工路线如图 2-89 和图 2-90 所示。加工程序详见二维码。

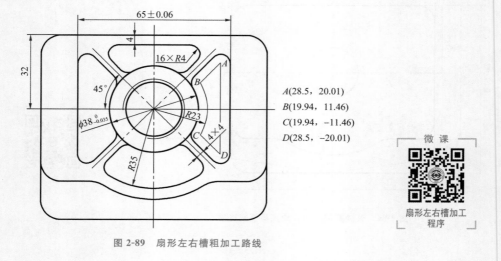

图 2-89　扇形左右槽粗加工路线

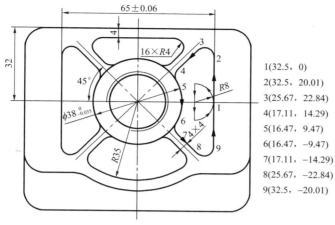

微课
扇形左右槽自动
编程

1(32.5, 0)
2(32.5, 20.01)
3(25.67, 22.84)
4(17.11, 14.29)
5(16.47, 9.47)
6(16.47, -9.47)
7(17.11, -14.29)
8(25.67, -22.84)
9(32.5, -20.01)

图 2-90 扇形左右槽精加工路线

工件 1 的扇形上下槽粗、精加工路线如图 2-91 和图 2-92 所示,加工程序详见二维码。

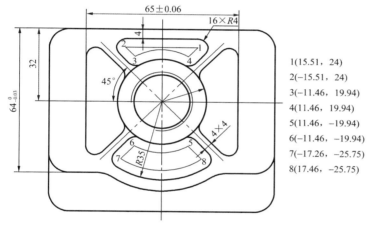

微课
扇形上下槽加工
程序

1(15.51, 24)
2(-15.51, 24)
3(-11.46, 19.94)
4(11.46, 19.94)
5(11.46, -19.94)
6(-11.46, -19.94)
7(-17.26, -25.75)
8(17.46, -25.75)

图 2-91 扇形上下槽粗加工路线

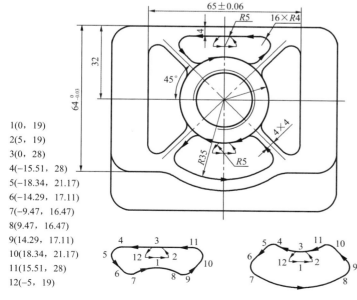

微课
扇形上下槽自动
编程

1(0, 19)
2(5, 19)
3(0, 28)
4(-15.51, 28)
5(-18.34, 21.17)
6(-14.29, 17.11)
7(-9.47, 16.47)
8(9.47, 16.47)
9(14.29, 17.11)
10(18.34, 21.17)
11(15.51, 28)
12(-5, 19)

1(0, -24)
2(4.97, -23.48)
3(0, -19)
4(-9.47, -16.47)
5(-14.29, -17.11)
6(-20.09, -22.92)
7(-19.49, -29.07)
8(19.49, -29.07)
9(20.09, -22.92)
10(14.29, -17.11)
11(9.47, -16.47)
12(-4.97, -23.48)

图 2-92 扇形上下槽精加工路线

（6）工件 1 的工步 13、14、15，$4 \times \phi 8^{+0.02}_{0}$ mm 孔加工路线如图 2-93 所示，加工程序详见二维码。

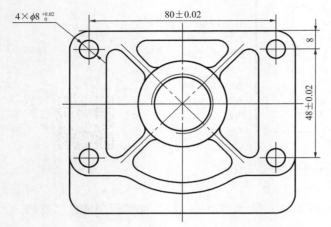

$4 \times \phi 8^{+0.02}_{0}$ mm 孔
加工程序

$4 \times \phi 8^{+0.02}_{0}$ mm 孔
加工自动编程

图 2-93　$4 \times \phi 8^{+0.02}_{0}$ mm 孔加工路线

（7）工件 1 的工步 16、17 的 M26×2 螺纹底孔及螺纹加工程序详见二维码。

M26×2 螺纹及
底孔加工程序

M26×2 螺纹及
底孔加工程序

（8）工件 2 的工步 2、3、4 编程加工方法与工件 1 类似，略。

（9）工件 2 的工步 7、8 小方台去残料加工路线如图 2-94 所示，小方台加工路线如图 2-95 所示。具体加工程序详见二维码。

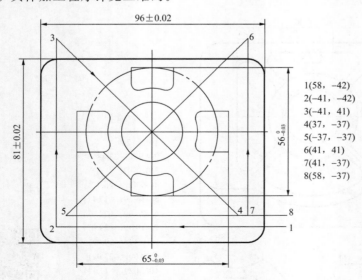

1(58, −42)
2(−41, −42)
3(−41, 41)
4(37, −37)
5(−37, −37)
6(41, 41)
7(41, −37)
8(58, −37)

小方台去残料
加工程序

图 2-94　小方台去残料加工路线

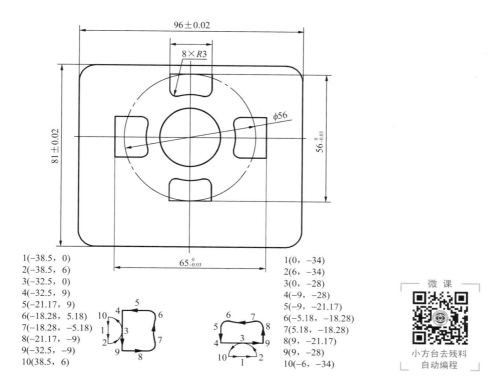

1(-38.5, 0)
2(-38.5, 6)
3(-32.5, 0)
4(-32.5, 9)
5(-21.17, 9)
6(-18.28, 5.18)
7(-18.28, -5.18)
8(-21.17, -9)
9(-32.5, -9)
10(38.5, 6)

1(0, -34)
2(6, -34)
3(0, -28)
4(-9, -28)
5(-9, -21.17)
6(-5.18, -18.28)
7(5.18, -18.28)
8(9, -21.17)
9(9, -28)
10(-6, -34)

图 2-95 小方台加工路线

（10）工件 2 的工步 9、10 的 $\phi 38^{+0.04}_{+0.01}$ mm 圆孔加工路线如图 2-96 所示,加工程序详见二维码。

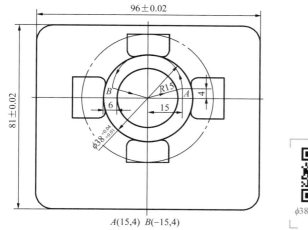

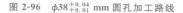

A(15,4) B(-15,4)

图 2-96 $\phi 38^{+0.04}_{+0.01}$ mm 圆孔加工路线

（11）工件 2 的工步 11、12 花形槽加工路线如图 2-97 所示，粗、精加工程序详见二维码。

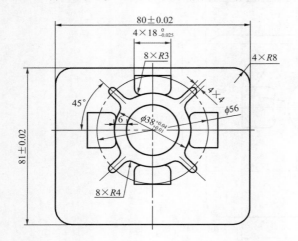

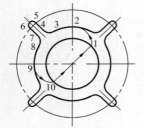

1(10，9)
2(0，19)
3(−9.47，16.47)
4(−14.29，17.11)
5(−18.34，21.17)
6(−21.17，18.34)
7(−16.47，14.29)
8(−17.11，9.47)
9(−9，−10)
10(−9，−10)

微 课

花形槽加工程序

微 课

花形槽自动编程

图 2-97　花形槽加工路线

（12）工件 2 的工步 13、14、15 的 4×M6 螺纹孔加工程序详见二维码。

微 课

4×M6 螺纹孔
加工程序

微 课

4×M6 螺纹孔
自动编程

四、仿真加工

（1）启动软件→选择机床→回零→输入加工程序。

（2）工件 1 铣削加工。

①设置工件并安装→装刀（T01、T02）→对刀（T01、T02）→调用 O2705 和 O2706 加工程序→自动加工→测量外轮廓加工尺寸；

②调用 O2707 和 O2708 加工程序→自动加工→测量孔尺寸；

③工件调面装夹找正，保证工件高度 20 mm→装刀→对刀→依次调用加工程序→自动加工→测量加工尺寸。

（3）工件 2 铣削加工与工件 1 类似。

仿真加工结果如图 2-98 和图 2-99 所示。

图 2-98　工件 1 仿真加工结果

图 2-99　工件 2 仿真加工结果

模块三
实际生产加工案例

任务一　　数控车削生产加工案例

任务目标

一、任务描述

转轴和轴帽的装配图和零件图如图 3-1～图 3-3 所示。综合运用数控车削编程指令编写零件的加工程序,使用 CKA6150 卧式数控车床加工,选择相应量具检验产品质量。

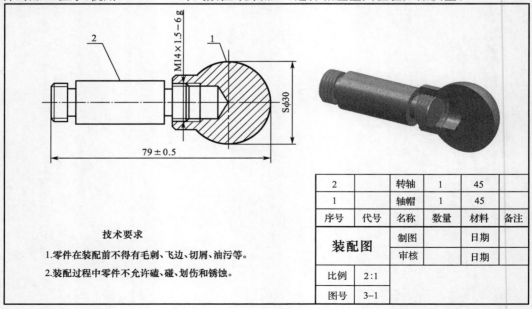

2		转轴	1	45	
1		轴帽	1	45	
序号	代号	名称	数量	材料	备注
装配图		制图		日期	
		审核		日期	
比例	2:1				
图号	3-1				

技术要求
1.零件在装配前不得有毛刺、飞边、切屑、油污等。
2.装配过程中零件不允许磕、碰、划伤和锈蚀。

图 3-1　装配图

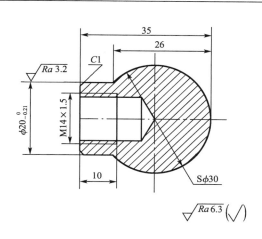

技术要求

1.零件加工表面上,不应有划痕、擦伤等损伤零件表面的缺陷。
2.去除毛刺飞边。
3.未注形状公差应符合GB/T 1184—1996的要求。
4.未注倒角均为C0.5。

制图		日期		轴帽	比例	2：1
校核		日期			图号	3—2
材料	45	毛坯	$\phi35\times40$			

图 3-2　零件图 1

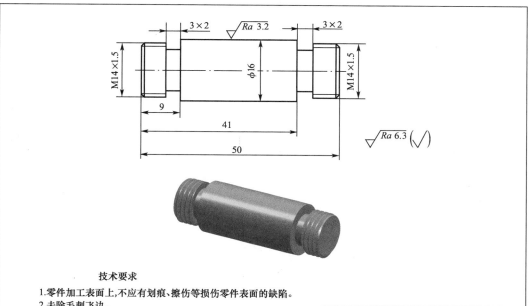

技术要求

1.零件加工表面上,不应有划痕、擦伤等损伤零件表面的缺陷。
2.去除毛刺飞边。
3.未注形状公差应符合GB/T 1184—1996的要求。
4.未注倒角均为C0.5。

制图		日期		转轴	比例	2：1
校核		日期			图号	3—3
材料	45	毛坯	$\phi20\times56$			

图 3-3　零件图 2

二、知识目标

1. 综合运用数控车床编程指令编写零件的加工程序。

2. 学习刀具装夹、工件找正、对刀、程序模拟等实际操作。

3. 学习使用量具检测产品质量。

三、技能目标

1. 具有编制加工工艺文件的能力。

2. 具有合理选用切削用量和加工指令编写加工程序的能力。

3. 具有使用数控车床加工零件的初步能力。

4. 具有选择量具进行产品质量检测的初步能力。

四、素质目标

1. 按企业有关文明生产规定,做到工作地整洁,工件、工具摆放整齐等。

2. 正确执行安全操作规程,树立安全第一的思想。

3. 培养内心笃定,着眼于细节的耐心、执着、坚持的工匠精神。

相关知识

一、数控车床面板(以 CKA6150 卧式数控车床为例)

知识导图

数控车床面板由系统面板和车床操作面板两部分组成,如图 3-4 所示。数控车床系统面板与仿真加工相似,按键功能见表 1-1;数控车床操作面板按键功能见表 3-1。

微 课

初识数控车床
结构及面板

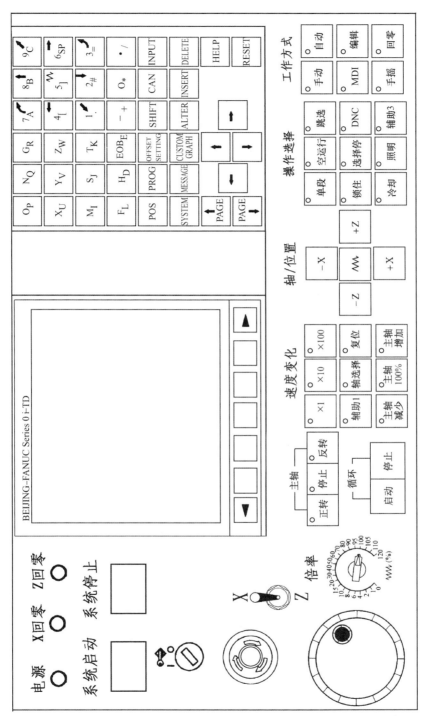

图3-4 数控车床操作面板

表 3-1　　　　　　　　　　　　数控车床操作面板按键功能

功能块名称	按键	功能说明
循环	循环 启动 停止	左侧按键为自动运行启动
		右侧按键暂停进给,按循环启动键后可以恢复自动运行
工作方式	自动	自动加工
	编辑	对程序进行编辑
	MDI	手动输入数据、指令方式
	手动	手动控制机床进给、换刀等
	手摇	手摇轮控制机床进给
	回零	机床返回参考点
主轴功能	主轴 正转 停止 反转	主轴正转
		主轴停止
		主轴反转
操作选择	单段	自动运行方式下,执行一个程序段后自动停止
	空运行	滑板以进给速率开关指定的速度移动,程序中的 F 代码无效
	跳选	程序开头有 / 符号的程序段被跳过不执行
	锁住	滑板被锁住
	选择停	按下此键 M01 有效
	DNC	数据传输

续表

功能块名称	按键	功能说明
速度变化	×1	手摇轮转动一格滑板移动 0.001 mm
	×10	手摇轮转动一格滑板移动 0.01 mm
	×100	手摇轮转动一格滑板移动 0.1 mm
	轴选择	选择坐标轴,灯亮为选择 X 轴,不亮选择 Z 轴
	复位	机床复位
	主轴减少	主轴低于设定转速运行
	主轴100%	主轴按设定转速运行
	主轴增加	主轴高于设定转速运行
轴/位置	−X	沿 X 轴负方向移动,刀具沿横向接近工件
	+X	沿 X 轴正方向移动,刀具沿横向远离工件
	−Z	沿 Z 轴负方向移动,刀具沿纵向接近工件
	+Z	沿 Z 轴正方向移动,刀具沿纵向远离工件
	∿	沿所选坐标轴快速移动
系统	系统启动	机床数控系统通电
	系统停止	机床数控系统断电
	急停	急停,出现异常情况,按下此键机床立即停止工作

续表

功能块名称	按　键	功能说明
旋转手轮	倍率	在自动状态下,由 F 代码指定的进给速度可以用此开关调整,调整范围 0%～150%。车螺纹时不允许调整
		沿"－"向旋转(逆时针)表示沿轴负方向进给,沿"＋"向旋转(顺时针)表示沿轴正方向进给
指示灯	Z回零	完成 Z 向回参考点,Z 轴回零指示灯亮
	X回零	完成 X 向回参考点,X 轴回零指示灯亮
	电源	系统接通电源,电源指示灯亮
轴选择	X / Z	选择坐标轴,向上为 X 轴,向下为 Z 轴

二、数控车床操作

1　机床上电

(1)旋转机床主电源开关至 ON 位,机床电源指示灯 电源 亮;

(2)按 系统启动 键,CRT 显示器上出现机床的初始位置坐标画面。

微课

机床上电

2　手动返回机床参考点

采用增量式测量系统的数控机床工作前必须执行返回参考点操作。一旦机床出现断电、急停或超程报警信号,数控系统就失去了对参考点坐标的记忆,操作者在排除故障后也必须执行返回参考点操作。采用绝对式测量系统不需要返回参考点。

手动返回机床参考点操作步骤如下:

(1)按 回零 键;

(2)按 +x 键和 +z 键,刀具快速返回参考点,回零指示灯亮。

注意:机床返回参考点的顺序是先 X 轴,后 Z 轴,防止刀架碰撞尾座。另外当滑板上的挡块距离参考点不足 30 mm 时,要先用 手动 键使滑板移向参考点的负方向,然后再返回机床参考点。

3 手动操作机床

（1）刀架手动进给

手动进给的操作方法有两种，一种是用 $\boxed{手动}$ 使刀架快速移动，另一种是用 $\boxed{手摇}$ 移动刀架。

微课

刀架手动进给

①用 $\boxed{手动}$ 快速移动刀架

● 按 $\boxed{手动}$ 键；

● 同时按 $\boxed{\sim}$ 键和 $\boxed{+X}$ 键（$\boxed{-X}$ 键、$\boxed{-Z}$ 键、$\boxed{+Z}$ 键），刀架快速移动。

②用 $\boxed{手摇}$ 移动刀架

● 按 $\boxed{手摇}$ 键；

● 用轴选择键，选择移动的坐标轴 X 或 Z；

● 选择 $\boxed{\times 1}$ 键、$\boxed{\times 10}$ 键或 $\boxed{\times 100}$ 键；

● 转动手轮，刀架按指定的方向移动。

（2）手动控制主轴转动

①主轴转动

微课

手动控制主轴转动

● 按 $\boxed{MDI}$ 键；

● 按 $\boxed{PROG}$ 键，CRT 显示器上出现 MDI 下的程序画面；

● 输入"M03"或"M04"，输入"S××"，如"M03S500"，按 $\boxed{EOB_E}$、$\boxed{INSERT}$ 键；

● 按循环启动键，主轴按设定的转速正转或反转。

②主轴停止

● 在 MDI 画面中输入"M05"，按 $\boxed{EOB_E}$、$\boxed{INSERT}$ 键；

● 按循环启动键，主轴停止。

开机后首次主轴转动采用上面方法，后面操作可以在手动模式下直接按主轴正转、反转或停止。

（3）手动操作刀架转位

微课

手动操作刀架转位

①按 $\boxed{MDI}$ 键；

②按 $\boxed{PROG}$ 键；

③输入 T××，如"T01"，按 $\boxed{EOB_E}$、$\boxed{INSERT}$ 键；

④按循环启动键，1 号刀具转到工作位置。

4 工件装夹与找正

（1）三爪卡盘装夹工件

①采用三爪卡盘夹住棒料外圆。

②根据零件图尺寸，用钢直尺测量工件外伸长度。

③用卡盘扳手预紧工件。

④用套筒夹紧工件，注意工件装卡一定要牢固。

（2）工件装夹注意事项

①装夹工件时应尽可能使基准统一，减少定位误差，提高加工精度。

②装夹已加工表面时，应在已加工表面包一层铜皮，以免夹伤工件表面。

③装夹部位应选在工件上强度、刚性好的表面。

（3）找正方法

找正方法一般为打表找正，常用的钟面式百分表如图 3-5 所示。百分表是一种指示式量仪，除用于找正外，还可以测量工件的尺寸、形状和位置误差。

（4）百分表找正

百分表找正如图 3-6 所示，具体操作步骤如下：

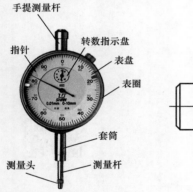
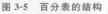
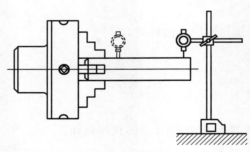

图 3-5　百分表的结构　　　　　图 3-6　百分表找正

①准备阶段

将钟面式百分表装入磁力表座孔内，锁紧，检查测量头的伸缩性、测量头与指针配合是否正常。

②测量阶段

● 将百分表压到工件表面，百分表指针垂直于工件的回转轴线，压表 0.5 mm（表针转动半圈）。

● 用手转动三爪卡盘，找工件最高点，做标记，转到另一端做标记。

● 拿起百分表进行敲击，多次重复以上动作，直到百分表摆动小于 0.01 mm。

（5）百分表使用注意事项

①使用前，应检查测量杆的灵活性。即轻轻推动测量杆时，测量杆在套筒内的移动要灵活，且每次放松后，指针能恢复到原来的刻度位置。

②使用百分表时，必须把它固定在可靠的夹持架上（如固定在万能表架或磁性表座上）。

③用百分表测量零件时，测量杆必须垂直于被测量表面。

④不要使测量头突然撞在零件上。

⑤不要使百分表受到剧烈的振动和撞击。

⑤ 安装刀具

（1）外圆机夹外圆车刀的安装

①外圆车刀的组装

将垫装入刀体上，将垫片装入刀垫上，将压刀片压入刀片上，旋入螺钉，用六角扳手拧紧。

②外圆车刀安装到刀架上

清洁装刀表面，清洁车刀刀柄，刀柄安装到刀架上，测量车刀的外伸长度，约为刀杆高度的1.5倍，预紧刀杆，用装刀扳手拧紧刀杆。

③刀具安装注意事项

- 车刀在刀架上伸出太长会影响刀杆的刚性。
- 车刀刀尖应与工件中心等高。
- 刀杆中心应与进给方向垂直。
- 至少用两个螺钉压紧车刀，固定好刀杆。

（2）钻头的安装

直柄麻花钻用钻夹头[图3-7（a）]装夹，再将钻夹头的锥柄插入车床尾座锥孔内。锥柄麻花钻可以直接或者用变径套[图3-7（b）]插入车床尾座锥孔内。

（3）内孔车刀的安装

①内孔车刀的组装

将刀片装入刀体相应位置，旋入螺钉，用梅花扳手拧紧螺钉。

②内孔车刀安装到刀架上

- 清洁刀架装刀位置表面。
- 清洁车刀刀柄和刀垫。
- 刀尖与工件中心不等高时，准备相应垫片（刀夹），使刀尖与工件中心等高。
- 刀柄（垫片或刀夹）安装到刀架上。
- 测量车刀刀体外伸长度，使其大于所加工孔的深度5～10 mm。
- 预紧刀杆。
- 用装刀扳手拧紧刀杆。

机夹外圆车刀的安装

内孔车刀的安装

(a)　　　　(b)

图3-7　钻夹头与变径套

（4）内、外螺纹车刀的安装

内、外螺纹车刀在安装时，除了注意上述问题外还要注意车刀刀尖角的对称中心线与工件轴线垂直。

微课

手动输入程序

⑥ 程序输入与模拟

（1）程序输入

程序输入的方法有两种，一种是通过键盘输入程序；另一种是通过数据传输导入程序。

通过键盘输入程序及调出程序操作同仿真加工。

用M卡导入程序步骤如下：（FANUC 0i-TD系统）

①确认输出设备已经准备好。

②按数控系统上的 $\boxed{\text{编辑}}$ 键→按 $\boxed{\text{PROG}}$ 键→显示程序。

③按【列表】键→【操作】键→按右侧扩展键。

④按【设备】键→按【M－卡】键→显示卡中内容。

⑤按【F 读取】键→输入 M 卡程序序号→按【F 设定】键确认→输入机床中程序号→按【O 设定】键确认→按【执行】键→按 $\boxed{\text{PROG}}$ 键,在 CRT 上显示导入的程序。

⑥程序传输完毕,按【操作】键→按右侧扩展键→按【设备】键→按【CNCMEM】键,回到原始状态。

(2)程序模拟

输入的程序必须进行检查,常用图形模拟检查程序是否正确。图形模拟的操作步骤如下:

按 $\boxed{\text{编辑}}$ 键→按 $\boxed{\text{PROG}}$ 键→输入程序号,按"O 检索"软键显示程序→按 $\boxed{\text{CUSTOM GRAPH}}$ 键→按【图形】键→按 $\boxed{\text{空运行}}$ 键和 $\boxed{\text{锁住}}$ 键→按 $\boxed{\text{自动}}$ 键→按循环启动键,观察程序的加工轨迹。

注意:图形模拟结束后,必须取消空运行和锁住功能,同时要进行全轴操作。

全轴操作步骤如下:

取消 $\boxed{\text{空运行}}$ 和 $\boxed{\text{锁住}}$ →按 $\boxed{\text{POS}}$ 键→【绝对坐标】键→【操作】键→【W 预置】键→【所有轴】键→CRT 面板坐标和实际坐标一致。

7 对刀操作

对刀操作方法与仿真加工类似。主要操作步骤如下:

(1)切削外圆。

(2)测量切削直径的尺寸。

(3)X 向补正。

注意:与仿真加工不同之处是对刀结束后,可以验证对刀是否正确。具体操作方法如下:

完成 X 向补正后,刀具沿 Z 轴正向移动远离工件(X 值不变),按 $\boxed{\text{MDI}}$ 键→输入刀具号→按循环启动键,此时 CRT 上显示的 X 坐标的绝对值为测量直径。

(4)切削端面。

(5)Z 向补正。

Z 向验刀具体操作方法如下:

完成 Z 向补正后,刀具沿 X 轴正向移动远离工件(Z 值不变),按 $\boxed{\text{MDI}}$ 键→输入刀具号→按循环启动键,此时 CRT 上显示的 Z 坐标的绝对值为零。

8 自动加工

按 $\boxed{\text{PROG}}$ 键,输入程序号,按"O 检索"软键,调出加工程序,按 $\boxed{\text{自动}}$ 键→按循环启动键,自动加工零件。

微课
程序模拟

微课
对刀操作

微课
自动加工

注意:自动加工前要进行全轴操作,并检查空运行和锁住按钮状态。

⑨ 零件检测

将加工好的零件从机床上卸下,根据零件不同尺寸精度、粗糙度要求选用不同的量具进行检测。

三、量具

本任务主要使用的量具有游标卡尺、螺纹量规和粗糙度比较样板。

① 游标卡尺

(1)应用

游标卡尺是应用较广泛的通用量具。游标卡尺可以测量内、外尺寸(如长度、宽度、厚度、内径和外径、孔距、高度和深度等)。

(2)结构(图 3-8)

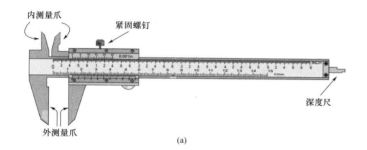

(a)

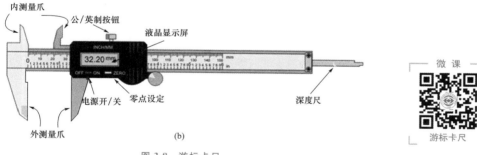

(b)

图 3-8　游标卡尺

(3)使用方法

测量时,左手拿待测工件,右手拿住主尺,大拇指移动游标尺,使待测工件位于测量爪之间,当与测量爪紧紧相贴时,锁紧紧固螺钉,即可读数。

(4)读数

数显游标卡尺可以直接在液晶显示屏上读数,普通游标卡尺读数步骤如下:

①读出游标零线左面主尺上的毫米为整数值;

②找出游标尺上与主尺上对齐的游标刻线,将对齐的游标刻线与游标尺零线间的格数乘以卡尺的精度为小数值;

③把整数值与小数值相加即测量的实际尺寸。

注意:

● 测量前先将测量爪和被测工件表面擦拭干净,然后合拢两测量卡爪使之贴合,检查主尺、游标尺零线是否对齐。若未对齐,应在测量后根据原始误差修正读数或将游标卡尺校正到零位后再使用。

- 当测量爪与被测工件接触后,用力不能过大,以免卡爪变形或磨损,降低测量的准确度。
- 测量零件尺寸时卡尺两测量面的连线应垂直于被测量表面,不能歪斜,如图3-9所示。
- 不能用游标卡尺测量毛坯表面。
- 使用完毕后须擦拭干净,放入盒内。

图 3-9　正确测量方法

2 内径千分尺

(1)应用

内径千分尺主要用于测量精度较高的孔径和槽宽等尺寸。

(2)结构

内径千尺寸的结构如图3-10所示。

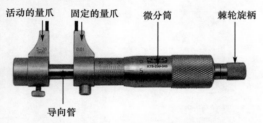

活动的量爪　固定的量爪　微分筒　棘轮旋柄

导向管

图 3-10　内径千分尺结构

微课

内径千分尺

(3)使用方法

①测量前对零位进行校准。方法:把环规插入测头,微调棘轮旋柄三次,观察零线是否对齐。

②测量时,根据测量的尺寸,调整测量杆长度,使测量范围包括需要测量的尺寸。

③将内径千分尺放入被测孔内,测量其接触的松紧程度是否合适。

④预紧晃动调整,拧紧制动器,拿离工件,读数。

(4)读数

与外径千分尺的读数方法相同。

注意:

- 内径千分尺上没有测力装置,测量压力的大小完全靠手感控制。
- 测量时,不能用力把内径千分尺压过孔径,以免使细长的测量杆弯曲变形后,损伤量具精度,影响测量结果。
- 其他注意事项参见外径千分尺。

3 螺纹量规

(1)应用

螺纹量规是测量内、外螺纹尺寸的常用量具。螺纹量规通常分为环规和塞规,环规检测外螺纹尺寸,塞规检测内螺纹尺寸。

（2）结构

螺纹量规结构如图3-11所示。用于通过的过端量规叫通规,用字母"T"表示;用于限制通过的止端量规叫止规,用字母"Z"表示。

图3-11 螺纹量规

（3）使用方法

①用螺纹通规与被测螺纹旋合,如果能够通过,就表明被测螺纹的中径合格。

②用螺纹止规与被测螺纹旋合,旋合量不超过两个螺距,表明被测螺纹中径合格。

注意:螺纹量规的选择需要与被测螺纹的规格及精度要求一致方可使用。

4 粗糙度检测

（1）粗糙度比较样板

①应用

最早的检测机械加工工件表面粗糙度的传统方法就是用粗糙度比较样板,这种检测方法效率低、精准度差。

②结构

粗糙度比较样板如图3-12所示,又称为粗糙度比较块、粗糙度对比样块等。

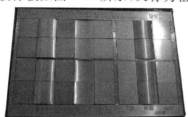

图3-12 粗糙度比较样板

③使用方法

用工件和粗糙度比较样板对比评定粗糙度是否合格。

（2）表面粗糙度检测仪

①应用

精确检测表面粗糙度值。

②结构

表面粗糙度检测仪如图3-13所示。

图3-13 表面粗糙度检测仪

③使用方法

图 3-13 所示表面粗糙度检测仪的操作过程如下：

- 打开电子表面粗糙度检测仪。
- 按(CAL/STD/RANGE)按键,按(n/ENT)确认键,按(START/STOP)开始。
- 对比数值,按(n/ENT)确认键。
- 将电子表面粗糙度检测仪放在工件上,保持触头与工件纹路垂直,按(START/STOP)开始。
- 显示 Ra 数值则为工件表面粗糙度 Ra 值。

任务实施

一、图样分析

转轴和轴帽的装配图和零件图如图 3-1～图 3-3 所示,其材料为 45 钢。加工表面有 $\phi16$ mm 圆柱面、$\phi30$ mm 球面、倒角、退刀槽和 M14×1.5 内外螺纹等,表面粗糙度分别为 Ra 1.6 μm 和 Ra 3.2 μm。

二、加工工艺方案制定

1 加工方案

零件 1(轴帽):

(1)采用三爪卡盘装卡,零件伸出卡盘 20 mm 左右。

(2)手动车端面、外圆、倒角。

(3)调头夹持已车外圆。

(4)车端面保总长,外圆倒角。

(5)钻中心孔。

(6)用 $\phi10$ mm 钻头钻孔。

(7)粗、精车螺纹底孔。

(8)粗、精车 M14×1.5 螺纹孔,用塞规测量。

零件 2(转轴):

(1)采用三爪卡盘装卡,零件伸出卡盘 45 mm 左右。

(2)粗车端面及外轮廓。

(3)切槽 3×2。

(4)粗、精车 M14×1.5 螺纹,并试配。

(5)调整工件伸出长度,伸出卡盘 15 mm 左右。

(6)装配上零件 1,粗、精车零件 1 的外轮廓。

(7)卸下零件 1。

(8)零件 2 调头,夹持 $\phi16$ mm 外圆,并找正。

(9)车削端面保总长。

(10)粗、精车左端外轮廓。

(11)切左端槽 3×2。

(12)粗、精车左端 M14×1.5 螺纹,并试配。

(13)去毛刺。

② 刀具选用

转轴配合件数控加工刀具卡见表 3-2，实际加工为 4 工位刀架，根据需要安装刀具。

表 3-2　　　　　　　　　　　　　转轴配合件数控加工刀具卡

零件名称		转轴配合件		零件图号		3-2、3-3		
序号	刀具号	刀具名称	数量	加工表面	刀尖半径 R/mm	刀尖方位 T	备注	
1	T01	90°外圆车刀	1	粗、精车零件 2 外轮廓	0.4	3	55°刀尖角	
2		中心钻	1	钻中心孔			手动	
3		ϕ10 mm 钻头	1	钻孔				
4	T02	镗孔刀	1	镗孔	0.4	2		
5	T03	60°内螺纹车刀	1	粗、精车内螺纹				
6	T04	3 mm 槽刀	1	切槽、切断				
7	T05	60°螺纹车刀	1	粗、精车螺纹				
8	T06	90°外圆车刀	1	粗、精车零件 1 外轮廓	0.4	3	35°刀尖角	
编制		审核		批准		日期	共 1 页	第 1 页

③ 加工工序

转轴配合件数控加工工序卡见表 3-3。

表 3-3　　　　　　　　　　　　　转轴配合件数控加工工序卡

单位名称				零件名称		零件图号	
				转轴配合件		3-2、3-3	
程序号	夹具名称		使用设备	数控系统		场地	
O3111 至 O3116	三爪卡盘		CKA6150	FANUC 0i-Mate		数控实训中心	
工步号	工步内容		刀具号	主轴转速 n/(r·min^{-1})	进给量 F/(mm·r^{-1})	背吃刀量 a_p/mm	备注
1	三爪卡盘装卡零件 1 并找正						
2	车端面、车外圆		T01				
3	调头						
4	钻中心孔						手动
5	钻孔						
6	车端面保总长、车外倒角		T01				
7	手动对刀						
8	粗车内轮廓，留余量 1 mm		T02	400	0.2	1	O3111
9	精车内轮廓		T02	600	0.1	0.5	
10	粗、精车 M14×1.5 螺纹孔		T03	400	1.5		O3112
11	三爪卡盘装卡零件 2 并找正						手动
12	粗车外轮廓		T01	500	0.2	1.5	O3113
13	精、车外轮廓		T01	1 000	0.1	0.5	
14	切槽 3×2		T04	400	0.08	3	O3114
15	粗、精车 M14×1.5 螺纹		T05	400	1.5		O3115

续表

单位名称				零件名称	转轴配合件	零件图号	3-2、3-3
程序号	夹具名称		使用设备	数控系统		场地	
O3111 至 O3116	三爪卡盘		CKA6150	FANUC 0i-Mate		数控实训中心	
工步号	工步内容		刀具号	主轴转速 $n/(r \cdot min^{-1})$	进给量 $F/(mm \cdot r^{-1})$	背吃刀量 a_p/mm	备注
16	调整工件伸出长度						手动
17	将零件1装配到零件2上						
18	粗车零件1外轮廓		T06	500	0.2	1.5	O3116
19	精车零件1外轮廓		T06	1 000	0.1	0.5	
20	拆卸零件1						手动
21	零件2调头						
22	三爪卡盘装卡零件2并找正						
23	车端面,定总长						
24	粗车左侧外轮廓		T01	500	0.2	1.5	O3113
25	精车左侧外轮廓		T01	1 000	0.1	0.5	
26	切槽3×2		T04	400	0.08	3	O3114
27	粗、精车 M14×1.5 螺纹		T05	400	1.5		O3115
编制		审核		批准	日期	共1页	第1页

三、加工程序

转轴和轴帽的加工程序见二维码。

四、实操加工

微 课

转轴和轴帽的
加工程序

1 机床加工过程

机床开机→机床返回参考点→手动操作离开参考点→工件装夹、找正→安装刀具→输入加工程序 O3111 至 O3116 并模拟→钻孔加工→对刀→自动加工→检测零件→关机。

2 钻孔加工

(1)加工过程

首先平端面,然后钻中心孔,最后钻孔。精度不高时可以不钻中心孔。

(2)钻孔加工时应注意以下几点:

①钻头轴线与工件回转轴线重合。

②钻孔前必须将端面车平。

③当钻头接触工件端面和钻通孔快要钻透时,进给量要小,以防钻头折断。

④钻小而深的孔时,应先用中心钻钻中心孔,避免将孔钻歪。

⑤钻深孔时,切屑不易排出,要经常把钻头退出,清除切屑。

⑥钻削钢料时,必须浇注充分的切削液,使钻头冷却;钻铸铁时可不用切削液。

3 零件质量保证方法

（1）精度分析

工件组装后，难保证的尺寸精度主要有：长度尺寸(79 ± 0.5) mm 和 M14×1.5－6g。

（2）加工方法分析

本件加工的难点在于保证各尺寸精度。为此，在加工过程中应注意以下几点：

①在加工前要明确转轴和轴帽的加工顺序。在确定加工顺序时，要考虑各单件的加工精度，配合件的配合精度及工件加工过程中的装夹与校正等各方面因素。

②配合件的各项配合精度要求主要受工件几何精度和尺寸精度影响。因此，在数控加工中，工件在夹具中的定位与找正很重要。

（3）编程方面

①对于不同的零件，合理安排加工工艺，明确零件1与零件2的加工顺序，合理选择刀具和切削用量。

②编程中所使用的数值是图纸上所给出的尺寸中差，便于加工时调节尺寸，避免加工尺寸超差。

（4）操作方面

①为保证装配要求，应尽可能减少重复装夹，一次完成外圆、内孔加工。

②合理控制工件的夹紧力，冷却要充分，以免因夹紧力过大以及冷却不充分产生零件过热等因素使工件变形。

③在保证加工精度的前提下，通过加工中实际得出的测量尺寸来调整编程及磨耗数值，尽量将内孔、外圆的尺寸加工到中差，使得配合间隙控制在合理的范围之内。

④调头装夹找正不能损伤工件已加工表面，找正部位应合理，以免降低已加工部位表面质量。

⑤选用刀具的同时一定要考虑中心高度，尽量使刀具伸出的长度越短越好。在条件允许的情况下尽量选择较粗的刀杆直径以增大切削时的强度，避免零件因振动产生颤纹。

⑥加工零件1和零件2内外螺纹时，用螺纹环规和螺纹塞规进行检验，通过调整磨耗的方法改变牙深尺寸，保证螺纹的连接松紧适宜。

（5）装配时常见问题及解决方法

配合中常常会出现尺寸在公差范围内而配合却不顺利的现象，因此要提前考虑出现这种现象的产生原因：

①内孔或者外圆零件的表面粗糙度较差影响两面之间的配合平整度，因此提高表面加工质量是关键。

②内孔零件产生变形使得两配合面无法正常接触不能实现配合，因此合理控制夹紧力、切削力和热胀冷缩等因素是关键。

③毛刺、倒角等问题影响正常配合，由于倒角不彻底将部分毛刺刮蹭至配合面部分，使得配合面因毛刺的阻挡无法装配，因此加工中要合理安排倒角、去毛刺的加工工艺才能使配合顺利、彻底。

五、尺寸检测内容

1.采用游标卡尺测量长度尺寸和外径尺寸。

2.采用内径千分尺测量内孔尺寸。

3.采用螺纹塞规和环规检测螺纹精度。

4.采用粗糙度比较样板检测粗糙度。

任务二　数控加工中心铣削生产加工案例

任务目标

一、任务描述

如图 3-14 所示零件为自动封边机的支撑块,使用 VDF850 加工中心加工,选择相应量具检验产品质量。

二、知识目标

1. 综合运用加工中心编程指令编写零件的加工程序。

2. 学习装刀、工件装卡找正、对刀、程序模拟等实际操作。

3. 学习使用量具检测产品质量。

三、技能目标

1. 具有合理确定加工工艺路线的能力。

2. 具有合理选用切削用量和加工指令编写加工程序的能力。

3. 具有使用加工中心加工零件的初步能力。

4. 具有选择量具进行产品质量检测的能力。

四、素质目标

1. 树立安全意识、质量意识和效率意识。

2. 按企业有关文明生产规定,做到工作地整洁,工件、工具摆放整齐等。

3. 培养脚踏实地、一丝不苟、精益求精的工匠精神。

相关知识

一、加工中心操作面板(以 VDF850 立式加工中心为例)

加工中心面板由数控系统面板和机床操作面板两部分组成,数控系统面板见仿真加工,VDF850 立式加工中心机床操作面板如图 3-15 所示,按键功能见表 3-4。

知识导图

微课

初识加工中心
结构与面板

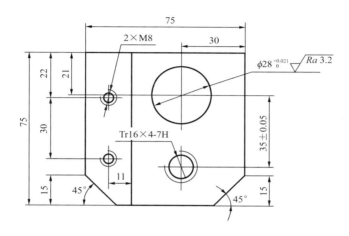

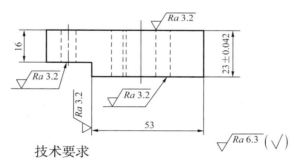

技术要求

1. Tr16×3 梯形螺纹与 MK1060ER-R10-24 滑配；
2. 梯形螺纹倒角 C2，其余棱边倒角 C1；
3. 表面磷化处理。

制 图		日 期		支撑块		比 例	1∶1
校 核		日 期				图 号	3-14
材 料	qz35	毛坯	80×80×25				

图 3-14 支撑块零件图

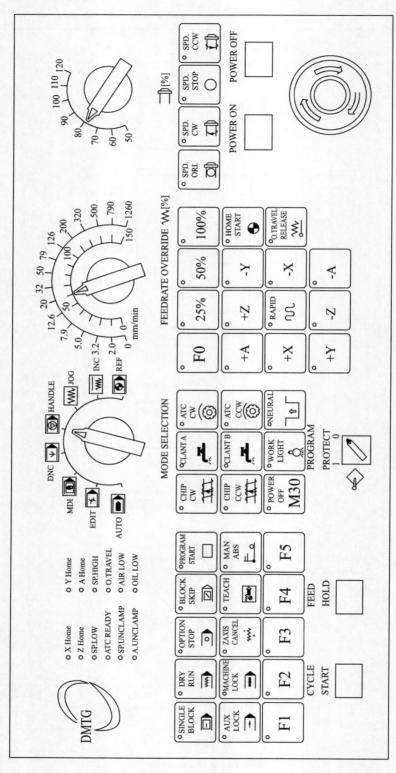

图3-15 VDF850立式加工中心机床操作面板

表 3-4 VDF850 立式加工中心机床操作面板按键功能

功能块名称	按　键	功能说明
紧急停止		异常情况下,按此键机床立即停止工作
电源	POWER ON	系统通电
	POWER OFF	系统断电
工作模式	AUTO	自动执行加工程序
	EDIT	对程序、刀具参数等进行编辑
	MDI	MDI 方式即手动输入数据、指令方式
	DNC	通过计算机控制机床进行零件加工
	REF	机床返回参考点
	JOG	JOG 点动方式即手动控制机床进给、换刀等
	INC	步进进给方式
	HANDLE	手轮方式即用手摇轮控制机床进给
回零操作	+Z / +Y / -X / HOME START	按下左侧 X、Y、Z 任一个按钮,按下 HOME START 按钮,对应的机床坐标轴会以快速移动的速度返回机床零点,到达后指示灯亮
进给轴选择开关	+A +Z -Y / +X RAPID -X / +Y -Z -A	在 JOG 方式下,控制坐标轴沿选择的方向进给或快速移动
主轴功能	SPD. CW	主轴正转
	SPD. STOP	主轴停止
	SPD. CCW	主轴反转
手动进给倍率开关		调整手动或自动运行时的移动速度

续表

功能块名称	按　键	功能说明
快速移动倍率开关	F0　25%　50%　100%	自动或手动操作时调整快速移动的速度
主轴倍率选择开关		自动或手动操作时调整主轴的转速
循环启动	CYCLE START	对程序进行启动运转和运转暂停的控制
进给保持	FEED HOLD	对程序进行运转暂停的控制
操作选择	BLOCK BKIP	程序开头有 / 符号的程序段被跳过不执行
	OPTION STOP	按下此键 M01 有效
	TEACH	教导功能
	PROGRAM START	程序重新启动
	MACHINE LOCK	机床锁住
	DRY RUN	滑板以进给速率开关指定的速度移动,程序中的 F 代码无效
排屑操作	CHIP CW	顺时针排屑
	CHIP CW	逆时针排屑
刀库操作	ATC CW	刀库按顺时针方向旋转一个刀位
	ATC CCW	刀库按逆时针方向旋转一个刀位
冷却液开关	CLANT A	切削液电动机打开/关闭
	CLANT B	

二、立式加工中心操作

1 机床开机

(1)打开空气压缩机总电源开关。

(2)空气压缩机电源启动。

(3)压力表达到设定压力值(0.6～0.8MPa)。

(4)检查机床压力表(0.6～0.8MPa),检查润滑油油位合格。

微课
开机操作

（5）气压达到规定值后，将机床总电源开关旋转至 ON 位。

（6）紧急停止按钮 右旋弹出。

（7）按 POWER ON 键，CRT 上出现机床的初始位置坐标画面。

注意： 在开机之前要先检查机床状况有无异常，润滑油是否足够，空气压缩机是否达到规定值等，如一切正常，方可开机。

2 手动返回机床参考点

（1）工作模式旋钮旋至 JOG 手动模式。

（2）在手动状态下分别把主轴向 $-Z$ 方向，工作台向 $+X$ 方向和 $-Y$ 方向移动至少 100 mm。

（3）工作模式旋钮旋至 REF 回参考点模式，按 +Z 、 +Y 、 -X 键，选择 F0 、 25% 、 50% 、 100% 中的一个，按 HOME START 键，机床 Z、Y、X 轴返回参考点。

（4）X、Y、Z 轴回参考点指示灯亮。

注意：

● 机床返回参考点前要确保各坐标轴在运动时不与工作台上的夹具或工件发生干涉；

● 机床返回参考点时，一定要注意各坐标轴运动的先后顺序。

3 手动操作机床

（1）主轴转动

①开机后，主轴不能进行正、反转操作，必须先进行主轴的启动操作，具体见仿真操作。

②主轴启动后，按启动时设定的转速，手动操作主轴正转、反转或停止，步骤如下：

将工作模式旋至 JOG 或 HANDLE 模式 → 根据需要按 SPD. CW 、 SPD. CCW 键设定主轴旋转方向 → 按 SPD. STOP 键（或复位键 RESET ）→ 主轴停止。

③ MDI 在工作模式下，可以改变主轴的转速。

（2）工作台及刀具的移动

操作方式有两种：

①JOG 方式

将工作模式旋至 JOG 模式 → 按 +X 、 -X 、 +Y 、 -Y 键可实现工作台左右、前后连续移动 → 释放该键运动停止 → 按 +Z 、 -Z 键可实现刀具上下连续移动。

运动速度由手动进给速度倍率开关 调整。

同时按 RAPID 键和 +X 、 -X 、 +Y 、 -Y 、 +Z 、 -Z 键中的任何一个，可实现该轴的快速移动，运动速度由快速移动速率开关 F0 、 25% 、 50% 、 100% 调整。

注意： 工作台或主轴接近行程极限位置时，尽量不要用快速移动键进行操作，以免发生过超程而损坏机床。

②手摇轮方式

将工作模式旋钮旋至 ▣ HANDLE 模式→按住手持盒侧面按钮→用 🔆 旋钮选择坐标轴→

用 🔆 旋钮控制移动的速度→转动 ⚙ →查看 CRT 上坐标值是否达到目标位置。

（3）手动装卸刀具

①确认刀具和刀柄的质量不超过机床规定的许用最大质量。

②清洁刀柄锥面和主轴锥孔。

③将机床工作模式旋钮旋至 ▣ HANDLE 或 ▥ JOG 模式。

④装刀：左手握住刀柄，将刀柄的键槽对准主轴端面键，垂直伸入到主轴内，不可倾斜。

⑤右手按住机床主轴立柱上的 ⬆⬆ 按钮，压缩空气从主轴内吹出，直到刀柄锥面与主轴锥孔完全贴合后，松开按钮，刀柄即被自动夹紧，确认夹紧后方可松手。

⑥刀柄装上后，用手转动主轴检查刀柄是否正确装夹。

⑦卸刀：左手握住刀柄，向上加力，右手按住 ⬆⬆ 按钮，取下刀柄。

注意：

● 应选择有足够刚度的刀具及刀柄，同时在装配刀具时保证合理的悬伸长度，避免刀具在加工过程中产生变形；

● 卸刀柄时，必须要有足够的动作空间，刀柄不能与工作台上的工件、夹具发生干涉；

● 换刀过程中严禁主轴运转；

● 卸刀时，左手需向上用力，防止刀具从主轴内掉下时撞击工件和夹具等。

（4）切削液的开关操作

将工作模式旋至 ▥ JOG 或 ▣ HANDLE 模式→按 🚰 CLANT A 键，打开切削液→按 🚰 CLANT B 键，关闭切削液。

④ 夹具、工件装夹及找正

（1）安装夹具

①将工作模式旋钮旋至 ▥ JOG 手动模式，向＋X 方向移出工作台。

②将工作台上表面擦拭干净。

③将液压平口钳底部擦拭干净。

④把液压平口钳搬至工作台上适当位置。

安装液压平口钳两侧压紧螺钉并预紧。

⑥将工作模式旋钮旋至 ▣ HANDLE 模式，拿起手摇轮，选择 Z 轴，调节适当倍率，按确认键，红灯亮起，将主轴下降至适当位置，放回手摇轮。

⑦安装磁力表座，将表座吸附在主轴上，调节至适当位置并锁紧。

⑧拿起手摇轮，移动 Z 轴和 Y 轴，使百分表移到钳口一端，压表 0.5 mm，移动 X 轴，观察指针摆动大小。

⑨通过敲击液压平口钳两侧进行调节，使百分表表针摆动小于 0.01 mm。

⑩锁紧液压平口钳两端的螺钉。

⑪锁紧后检查百分表指针是否变化，如果无变化，取下磁力表座。

微课

夹具、工件装夹
及找正

（2）安装工件

①用布擦拭钳口。

②根据工件大小，调节钳口张开度，插入销钉。

③根据工件外壁加工深度，选择合适垫铁，将工件放在垫铁上，将平口钳预紧。

④用橡皮锤将工件砸平，将平口钳锁紧。

⑤将液压平口钳旋紧杆向内旋紧，摇至第一条和第二条刻度线之间为适当压力，安装成功。

注意：

● 夹紧工件前须用橡皮锤敲击工件上表面，以保证夹紧可靠。不能用铁块等硬物敲击工件上表面。

● 安装工件时，应保证工件在本次定位装夹中所有需要完成的待加工面充分暴露在外，方便加工。

● 夹具在机床工作台上的安装位置不能和刀具路线发生干涉。

● 夹持工件的位置要适当，保证工件夹紧后钳口受力均匀。

● 安装工件时要考虑铣削加工时的稳定性。

● 加工时将平口钳的摇杆拿离平口钳。

❺ 刀具装入刀库

刀具装入刀库

以直径 10 mm 立铣刀（1 号刀）、直径 12 mm 钻头（2 号刀）为例。

刀具安装过程如下：

（1）将工作模式旋钮旋至 $\boxed{\text{MDI} }$，输入"M06 T01;"按 $\boxed{\text{PROG}}$ 键和 $\boxed{\text{CYCLE START}}$ 键。

（2）将工作模式旋钮旋至 $\boxed{\text{JOG}}$，在主轴立柱上按 ⇧ ⇧ "松刀按钮"，1 号刀具的刀柄装入主轴。

（3）将工作模式旋钮旋至 $\boxed{\text{MDI}}$，输入"M06 T02;"，按 $\boxed{\text{PROG}}$ 键和 $\boxed{\text{CYCLE START}}$ 键。

（4）将工作模式旋钮旋至 $\boxed{\text{JOG}}$，按 ⇧ ⇧ "松刀按钮"，2 号刀具的刀柄装入主轴。

刀具拆除过程如下：

将工作模式旋钮旋至 $\boxed{\text{JOG}}$，按 ⇧ ⇧ "松刀按钮"即可取下刀柄。

注意：

● 装入刀库的刀具必须与程序中的刀具号一一对应，否则会损伤机床和工件；

● 主轴只有回到机床零点，才能将主轴上的刀具装入刀库，或者将刀库中的刀具调到主轴上；

● 交换刀具时，主轴上的刀具不能与刀库中的刀具号重号。比如主轴上已是"1"号刀具，则不能再从刀库中调"1"号刀具。

❻ 对刀（设置工件坐标系）

（1）用偏心式寻边器进行 X、Y 方向的对刀

①偏心式寻边器工作原理

偏心式寻边器上下两部分由弹簧连接，如图3-16 所示，上

图 3-16　偏心式寻边器结构

部分通过弹簧夹头装在刀柄上与主轴同步旋转，主轴旋转时偏心式寻边器的下半部分在弹簧

的带动下一起旋转,在没有与工件接触时,上、下错位偏心转动出现虚像;如图 3-17(a)所示,当偏心式寻边器下部与工件刚好接触时,上、下两部分重合同心转动如图 3-17(b)所示,当偏心式寻边器下部与工件过分接触时,上、下反向再次错位,如图 3-17(c)所示。

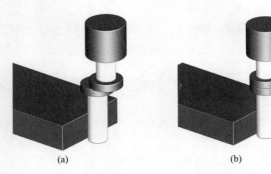

(a)　　　　　　　　　(b)　　　　　　　　　(c)

图 3-17　偏心式寻边器的工作原理

②偏心式寻边器对刀过程

参考仿真加工。

注意:

● 主轴转速为 400~500 rpm;

● 偏心式寻边器接触工件时机床的手动进给倍率应由快到慢;

● 在观察偏心式寻边器的影像时,不能只在一个方向上观察,应在互相垂直的两个方向上观察;

● 偏心式寻边器不能进行 Z 坐标的对刀。

(2)用 Z 轴设定器进行 Z 方向对刀

Z 轴设定器如图 3-18 所示,其高度一般为 50 mm 或 100 mm,Z 轴设定器对刀过程如下:

微课

偏心式寻边器
对刀过程

微课

Z 轴设定器进行
Z 方向对刀

图 3-18　Z 轴设定器

①将工作模式旋钮旋至 JOG,主轴上移。

②将工作模式旋钮旋至 MDI,将需要的刀具从刀库中调出。

③将 Z 轴设定器的底面置于工件上表面(工件上表面常设定为工件 Z 向的坐标原点)。

④将工作模式旋钮旋至 HANDLE 模式,向下移动主轴,让刀具靠近 Z 轴设定器对刀平面,刀具顶端一旦与 Z 轴设定器顶平面接触,减慢下移速度,当 Z 轴设定器上的指针沿顺时针方向旋转至零时,立即停止刀具下移。

⑤按 OFFSET SETTING 键→按【坐标系】键→进入刀具补偿存储器界面。

⑥移动光标键至 01(G54)Z 位置,输入 Z 轴设定器高度如(100),按【测量】键,完成 Z 方向对刀。

注意:

- 在刀补参数中输入 Z 轴机床坐标值时要带"＋""－"符号输入(一般为"－"值)。
- 加工程序中一定要设置刀具长度补偿 G43 指令,调用刀补参数。

7 刀具半径补偿设置

参考仿真加工。

8 程序输入

参考数控车床加工。

9 模拟加工

模拟加工方式以抬刀运行程序方式进行,具体操作步骤如下:

(1)按 ⊡ᵒⁱⁱˢᴱᵀ键→按【坐标系】键→移动光标至 G54 的 Z 坐标→输入"Z100.0"。

(2)按 PROG 键→调出所用程序→按 RESET 键→光标回到程序起点。

(3)按 CUSTOM GRAPH 键→按【加工图】键→进入图形显示页面。

(4)将工作模式旋钮至 AUTO ▶ 模式→按 CYCLE START 键→刀具在工件表面上方 100 mm 的高度运行程序,同时显示器显示出加工轨迹。

注意:

- 模拟加工结束后按 OFFSET SETTING 键→按【坐标系】键→移动光标至 G54 的 Z 坐标,把 G54 的 Z 坐标改为 0,准备加工。
- 模拟加工结束后必须进行【全轴】操作。

10 自动加工

内存中程序的自动加工过程如下:

(1)打开已输入程序。

(2)将工作模式旋钮旋至 AUTO ▶ 模式。

(3)将手动进给倍率开关  调至较小值,主轴倍率选择开关 调至 100%。

(4)按 CYCLE START 键,进入自动加工状态。

(5)在进入切削后逐步调大手动进给倍率开关 ,观察切削情况及加工中心的振动情况,调到适当的进给倍率进行切削加工。

注意:在自动运行程序加工过程中,如果出现危险情况,应迅速按下紧急停止按钮 或复位键 RESET ,终止运行程序。

11 零件检测

将加工好的零件从机床上卸下,根据零件不同尺寸精度、表面粗糙度、位置度的要求选用不同的检测工具进行检测。

12 关机

(1)关闭机床

①取下零件,清理切屑。

②清洁平口钳,关闭防护门。

③按下紧急停止按钮 。

④关闭机床电源和机床总电源。

(2)关闭空气压缩机

①按下紧急停止按钮 。

②关闭电源。

③关闭总电源。

三、量具

本任务除了任务一使用的量具外,还需要深度游标卡尺、外径千分尺和内径百分表。

1 深度游标卡尺

(1)应用

深度游标卡尺通常被简称为"深度尺",用于测量零件凹槽及孔的深度或梯形工件的梯层高度等尺寸。

(2)结构

深度游标卡尺结构如图 3-19 所示。

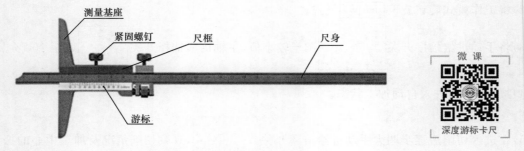

图 3-19 深度游标卡尺结构

(3)使用方法

尺框端部的基座和下部的游标尺连为一体,松开紧固螺钉,尺身可在尺框内移动,测量时,先将测量基座的两个测量爪轻轻贴合在工件的基准面(工件被测深部的顶面)上,再将尺身推入零件待测深度底部的测量表面,然后用紧固螺钉固定尺框,提起卡尺,则尺身端面至测量基座端面之间的距离,即被测零件的深度尺寸。各种表面深度尺寸的测量方式,如图 3-20 所示。

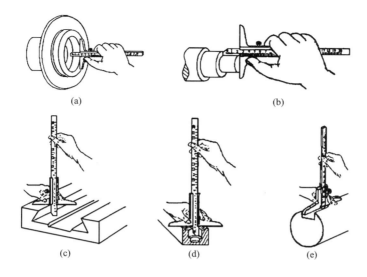

(a)   (b)

(c)   (d)   (e)

图 3-20 各种表面深度尺寸的测量方式

（4）读数

深度尺的读数方法和游标卡尺完全一样。

注意：

● 测量时尺身不得倾斜。

● 由于尺身测量面小，容易磨损，在测量前需检查深度尺的零位是否正确。

● 由于尺框测量面比较大，在使用时，应使测量面清洁，无油污灰尘，并去除毛刺、锈蚀等缺陷的影响。

● 多台阶小直径的内孔深度测量，要注意尺身端面是否在测量的台阶上。如图 3-20（d）所示。

● 当基准面是曲线时，如图 3-20（e）所示，测量基座的端面必须放在曲线的最高点上，测量出的深度尺寸才是工件的实际尺寸，否则会出现测量误差。

2 外径千分尺

（1）应用

外径千分尺是一种比游标卡尺更为精密的量具。常用的外径千分尺可以测量零件的外径、凸肩厚度、板厚和壁厚等。

（2）结构

外径千分尺的结构如图 3-21 所示。

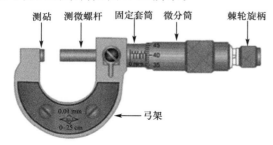

测砧   测微螺杆   固定套筒   微分筒   棘轮旋柄

0.01 mm

0-25 cm

弓架

图 3-21 外径千分尺结构

微 课

外径千分尺

（3）使用方法

①使用前应先检查零点。方法：缓缓转动棘轮旋柄（测力装置），使测微螺杆与测砧接触，到棘轮发出声音为止，此时微分筒（活动套筒）上的零刻线应当和固定套筒上的基准线对正，否则有零误差。

②测量时左手握住弓架（尺架），右手转动微分筒，使测微螺杆与测砧间距稍大于被测物，放入被测物，转动棘轮旋柄（测力装置）到夹住被测物，直到棘轮发出声音为止，固定后读数。

（4）读数

①先读固定刻度。

②再读半刻度，若半刻度线已露出，记作 0.5 mm，若半刻度线未露出，记作 0.0 mm。

③然后读可动刻度，记作 $N*0.01$ mm，如果是 40 格，也就是 0.4 mm。

④最终读数结果为固定刻度＋半刻度＋可动刻度。

注意：

● 测量前被测工件表面应擦干净，以免有脏物存在而影响测量精度。不能用千分尺测量表面粗糙或带有研磨剂的工件表面，以免使测砧面磨损，影响测量精度。

● 不能测量旋转的工件，否则会严重损坏千分尺。

● 测量时，应该握住弓架，旋转微分筒的力量要适当，不能用力旋转微分筒来增大测量压力，使测微螺杆精密螺纹因受力过大而发生变形，损坏千分尺的精度。

● 测量时，注意使测微螺杆与工件被测尺寸方向一致，不要歪斜。在旋转测力装置的同时，轻轻晃动弓架，使测砧面与工件表面接触良好。

● 测量时，最好在工件上读数，放松后取出千分尺，这样可以减少测砧面的磨损。当必须取下读数时，应用制动器锁紧测微螺杆后，再轻轻滑出工件。

● 储存千分尺前，要使测微螺杆离开测砧，用布擦净千分尺外表面，并抹上黄油。

3　内径百分表

（1）应用

内径百分表是将活动测头的直线位移变为指针的角位移的计量器具。用比较测量法完成测量，用于不同孔径的尺寸及其形状误差的测量。

（2）结构

内径百分表结构如图 3-22 所示。

（3）使用方法

①使用前，检查表头的相互作用和稳定性，活动测头和可换测头表面是否光洁，连接稳固。

② 使用时，把内径百分表插入量表直管轴孔中，压缩百分表一圈，紧固。

③选取并安装可换测头，紧固。

④测量时手握绝热手柄。

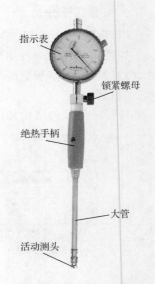

指示表

锁紧螺母

绝热手柄

大管

活动测头

图 3-22　内径百分表结构

⑤根据被测尺寸调整零位。用已知尺寸的环规或平行平面(千分尺)调整零位,以孔轴向的最小尺寸或平面间任意方向内均最小的尺寸对零位,然后反复测量同一位置2～3次后检查指针是否仍与零线对齐,如不齐,则重调。为读数方便,可用整数来定零位位置。

⑥测量时,摆动内径百分表,找到轴向平面的最小尺寸(转折点)来读数。

⑦测杆、测头、指示表等配套使用,不要与其他表混用。

(4)读数

测量孔径时,孔轴向的最小尺寸为其直径,测量平面间的尺寸,任意方向内均最小的尺寸为平面间的测量尺寸。百分表测量读数加上零位尺寸即测量数据。

任务实施

一、图样分析

支撑块零件图如图 3-14 所示,零件加工面有台阶面、顶面、底面、M8 普通螺纹、Tr16×4-7H 梯形螺纹、$\phi 28^{+0.021}_{0}$ mm 的通孔。

二、加工工艺方案制定

1 加工方案

(1)采用平口钳装夹工件,毛坯高出钳口 14 mm 左右。

(2)加工零件顶面、外轮廓、台阶、圆孔、M8 螺纹、Tr16×4-7H 梯形螺纹至尺寸要求。

(3)翻面,平口钳重新装夹、找正。

(4)加工底面保证零件厚度。

2 刀具选用

支撑块数控加工刀具卡见表 3-5。

表 3-5 　　　　　　　　　　　　支撑块数控加工刀具卡

零件名称		支撑块	零件图号		3-14		
序号	刀具号	刀具名称	加工表面	刀具半径 R/mm	长度补偿号		备注
1	T01	$\phi 60$ mm 盘刀	铣削顶面、底面	40	01		
2	T02	$\phi 16$ mm 立铣刀	粗铣外轮廓、台阶、$\phi 28$ mm 孔	8	02		
3	T03	$\phi 8$ mm 立铣刀	加工梯形螺纹底孔	4	03		
4	T04	$\phi 6$ mm 立铣刀	精铣外轮廓、台阶、$\phi 28$ mm 孔	3	04		
5	T05	中心钻	钻中心孔		05		
6	T06	$\phi 6.8$ mm 钻头	钻 M8 螺纹底孔		06		
7	T07	M8 丝锥	攻 M8 螺纹		07		
8	T08	梯形螺纹铣刀	铣削梯形螺纹		08		
9	T09	$\phi 28$ mm 镗孔刀	镗 $\phi 28$ mm 孔				
编制		审核	批准		日期	共 1 页	第 1 页

3 加工工序

支撑块数控加工工序卡见表 3-6。

表 3-6　　　　　　　　　　　　　　支撑块架数控加工工序卡

单位名称				零件名称	零件图号
				支撑块	3-14
程序号	夹具名称		使用设备	数控系统	场地
	平口钳		VDF850	FANUC 0i-Mate	数控实训中心
工步号	工步内容	刀具号	主轴转速 $n/(\text{r} \cdot \text{min}^{-1})$	进给量 $F/(\text{mm} \cdot \text{r}^{-1})$	背吃刀量 a_{p}/mm	备注

	第一序					
1	平口钳装夹					
2	手动对刀（X、Y、所有刀具 Z 向）					
3	铣削上表面	T01	600	200	1	
4	粗铣外轮廓	T02	800	300	3	
5	粗铣台阶	T02	800	300	3	
6	$\phi28$ mm 孔粗铣	T02	800	300	3	
7	铣削 Tr16×4-7H 梯形螺纹底孔	T03	800	240	2	
8	精铣轮廓	T04	1 200	150	15	
9	精铣台阶	T04	1 200	150	15	
10	镗 $\phi28$ mm 孔	T09	200	160		
11	钻 M8 螺纹中心孔	T05	1 500	60		
12	钻 M8 螺纹底孔	T06	600	60		
13	攻 M8 螺纹	T07	100	125		
14	铣削 Tr16×4-7H 梯形螺纹	T08	1 100	120		
	第二序					
1	翻面平口钳装夹					
2	手动对刀（X、Y、$\phi60$ mm 盘刀 Z 向）					
3	铣削底面	T01	600	200	1	

编制		审核		批准		日期		共 1 页	第 1 页

三、加工程序

1 上表面加工

上表面加工路线图如图 3-23 所示，由 A 点下刀，直线切削至 I 点，加工轨迹线由 CAXA 制造工程师软件中的平面区域粗加工方式自动生成，操作方法如下：

单击 CAXA 制造工程师软件中的"加工"菜单，选择"常用加工"中的"平面区域粗加工"命令，设置"加工参数""清根参数""接近返回方式""下刀方式""切削用量""坐标系"和"刀具参数"标签中的数据,然后在"几何"标签中选择正确轮廓线,单击确定即可生成刀具轨迹,详细方法见二维码。

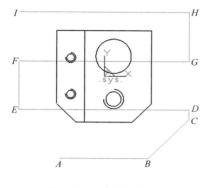

微 课

上表面铣削加工
自动编程

图 3-23 上表面加工路线

2 外轮廓加工

外轮廓粗加工路线图如图 3-24 所示,由 A 点下刀,途经 B、C、D、E、F、G 点,最后在 G 点抬刀,加工过程为 Z 轴分层粗加工,利用 CAXA 制造工程师软件中的平面轮廓粗加工方式生成加工轨迹,操作方法如下:

单击 CAXA 制造工程师软件中"加工"菜单,选择"常用加工"中的"平面轮廓精加工"命令,设置各个标签中的数据,然后在"几何"标签中选择正确轮廓线,单击确定即可生成刀具轨迹,详细方法见二维码。

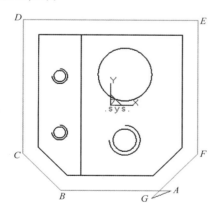

微 课

外轮廓粗加工
自动编程

图 3-24 外轮廓粗加工路线

3 台阶粗加工

台阶粗加工路线图如图 3-25 所示,由 A 点下刀,加工至 B 点抬刀,然后在 C 点下刀,加工至 D 点抬刀,最后移动到 E 点下刀,加工至 F 点抬刀完成加工,此加工轨迹是利用 CAXA 制造工程师软件中的"平面轮廓精加工"方式,进行 Z 向和 XY 方向同时分层生成的加工轨迹。详细方法见二维码。

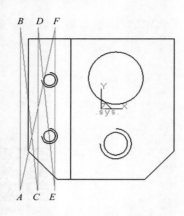

台阶粗加工自动
编程

图 3-25　台阶粗加工路线

4 铣圆孔加工

孔的粗加工采用铣孔方式加工，ϕ28 mm 孔为保证中间加工不会有残余材料采用 Z 向分层铣削方式，Tr16×4-7H 的梯形螺纹底孔，采用螺旋铣削方式提高加工效率，如图 3-26 所示，方法如下：

单击 CAXA 制造工程师软件中"加工"菜单，选择"其他加工"中的"铣圆孔加工"命令，设置各个标签中的数据，然后在"几何"标签中选择要进行加工的圆，最后单击确定即可生成刀具轨迹，详细方法见二维码。

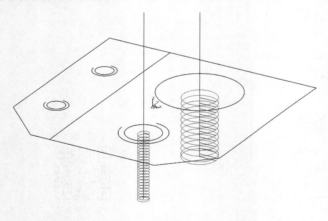

铣圆孔加工自动
编程

图 3-26　铣圆孔加工路线

5 轮廓精加工

轮廓和台阶的精加工都是通过 CAXA 制造工程师软件中的"平面轮廓精加工"方式生成加工轨迹的。轮廓精加工路线如图 3-30 所示，详细方法见二维码。

注意：

生成精加工轨迹添加刀具半径补偿，方便加工时修改磨损值，容易保证零件尺寸。

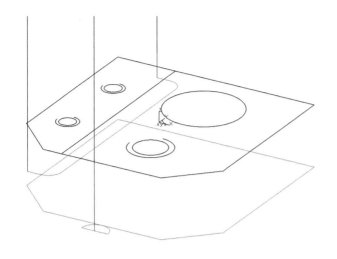

微课

轮廓精加工自动
编程

图 3-27　轮廓精加工路线

6　孔加工

ϕ28 mm 孔的孔精度比较高,适合采用镗孔方式加工,两个 M8 孔由于比较小,采用钻孔、攻螺纹方式进行加工,CAXA 制造工程师软件中的孔加工可以生成孔的加工轨迹,并生成孔加工循环指令的程序,方法如下:

单击 CAXA 制造工程师软件中"加工"菜单,选择"其他加工"中的"孔加工"命令,设置各个标签中的数据,然后在"几何"标签中选择要进行加工的圆,最后单击确定即可生成刀具轨迹,轨迹如图 3-28 所示。详细方法见二维码。

注意:

在设置孔参数时,"工件平面"要根据孔的实际上表面设置,减少空刀现象。

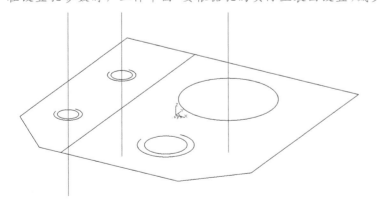

微课

孔加工自动编程

图 3-28　孔加工路线

7　铣螺纹加工

Tr16×4-7H 梯形螺纹是大螺距螺纹,不宜采用攻螺纹方式加工,宜采用螺旋铣削的方式加工,CAXA 制造工程师软件中有多种方式可以生成螺旋加工的轨迹,包括专用的铣螺纹加工方式,需要设置的参数较少,操作方法如下:

　　单击 CAXA 制造工程师软件中"加工"菜单,选择"其他加工"中的"铣螺纹加工"命令,设置各个标签中的数据,然后在"几何"标签中选择要进行加工的圆,最后单击确定即可生成刀具轨迹,轨迹如图 3-29 所示。详细方法见二维码。

　　注意:

　　若要加工外螺纹,选择的轨迹线应是螺纹的小径;若加工内螺纹,选择的轨迹线应是螺纹的大经。

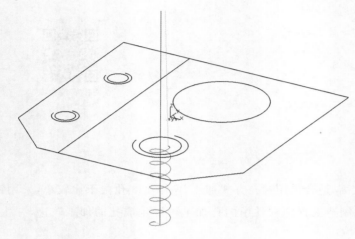

微　课

铣螺纹加工自动
编程

图 3-29　铣螺纹加工路线

⑧ 零件底面加工

　　零件底面需翻面后加工,可以使用"平面区域粗加工"命令生成加工程序,由于翻面 Z 向加工余量比较大,不能一次加工去除,需要 Z 向分层多次加工。加工轨迹图如图 3-30 所示。详细方法见二维码。

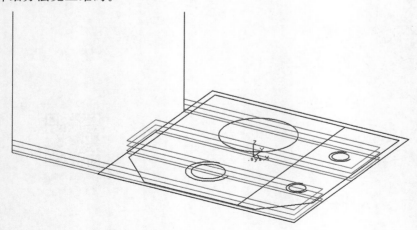

微　课

零件底面加工
自动编程

图 3-30　零件底面加工路线

四、实操加工

实操加工流程图如图 3-31 所示。

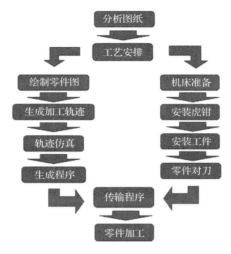

图 3-31 实操加工流程图 1

五、尺寸检测

（1）采用游标卡尺测量工件外轮廓尺寸为 75 mm×75 mm、凸台宽为 53 mm、厚为 16 mm。

（2）采用 0～25 mm 千分尺测量零件厚度（23±0.042）mm。

（3）采用内径百分表测量 $\phi 28^{+0.021}_{0}$ mm 尺寸。

（4）采用螺纹塞规测量螺纹尺寸。

（5）采用粗糙度仪测量表面粗糙度。

任务三　　数控车铣复合生产加工案例

任务目标

一、任务描述

如图 3-32 所示为连接法兰零件图，使用 CKA6150 卧式数控车床、VDF850 数控加工中心加工零件并检验产品质量。

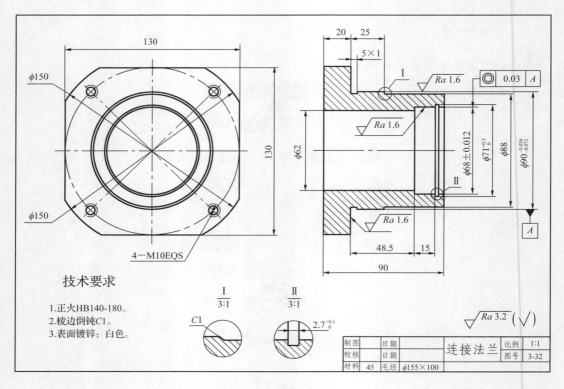

图 3-32　连接法兰零件图

二、知识目标

1. 综合运用相关工艺知识编写零件的加工工艺。

2. 综合运用数控车床、加工中心编程指令,编写零件的加工程序。

3. 学习使用量具检测产品质量。

三、技能目标

1. 具有根据零件图编写数控加工工艺的综合能力。

2. 具有合理选用切削用量和加工指令编写加工程序的综合能力。

3. 具有操作不同数控机床完成零件加工的综合能力。

4. 具有选择量具进行产品质量检测的综合能力。

四、素质目标

1. 培养不怕困难,勇于探索的创新精神。

2. 遵守操作规程,坚持安全生产。

3. 着装整洁,爱护设备,保持工作环境的清洁有序,做到文明生产。

相关知识

一、分度头

1 分度头的功能

分度头是安装在铣床上用于将工件分成任意等份的机床附件。分度头有机械分度头和数控分度头。主要功能有：

（1）使工件绕本身轴线进行分度（等分或不等分），如六方、齿轮、花键等。

（2）使工件的轴线相对铣床工作台台面转成所需要的角度（水平、垂直或倾斜），因此，可以加工不同角度的斜面。

（3）配合工作台的移动使工件连续旋转，从而可以铣削螺旋槽或凸轮。

2 机械式分度头

常用万用分度头的结构主要由底座、转动体、分度盘、定位销、转动手柄、主轴等部分组成，如图 3-33 所示。

分度头的底座内装有回转体，分度头主轴可以随回转体在垂直平面内转动。主轴前端常装有三爪卡盘或顶尖，用于安装工件。分度时拔出定位销，转动手柄，通过齿数比为 1∶1 的直齿圆柱齿轮副、齿数比为 1∶40 的蜗轮蜗杆副，带动主轴旋转分度。当分度头手柄转动一转时，蜗轮只能带动主轴转过 1/40 转。

工件等分数 Z 与手柄转数 N 的关系为

$$N = 40/Z$$

例如，工件需四等分，则手柄需摇 $N = 40/4 = 10$ 转。

如果手柄转数计算结果是分数，即不到一整圈的分度计算，需用分度盘配合，具体参阅相关参考资料。

3 数控分度头

数控分度头（图 3-34）按照 CNC 装置的指令做回转分度或者连续回转进给运动，可自动完成对被加工件的夹紧、松开及任意角度的圆周分度工作。从而可以完成复杂曲面加工，使机床原有的加工范围得以扩大。

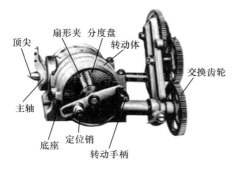

图 3-33 万用分度头的基本结构

图 3-34 数控分度头

任务实施

一、图样分析

连接法兰零件图如图 3-32 所示,需要使用车床和铣床两种机床加工,车床加工的位置有 $\phi90$ mm、$\phi88$ mm 外圆,5×1 外圆槽,$\phi62$ mm,$\phi68$ mm 内孔,$\phi71$ mm$\times2.7$ mm 内孔槽,端面。铣床加工的位置有端面、130 mm$\times$130 mm 轮廓、M10 螺纹孔。

二、加工工艺方案制定

1 加工方案

(1)锯床下料,$\phi155$ mm$\times95$ mm

(2)数控车床

①三爪卡盘装夹,外伸 75 mm。

②$\phi20$ mm 钻头钻孔,$\phi55$ mm 钻头扩孔。

③粗车外圆、内孔。

④精车外圆、内孔。

⑤车外圆槽、内孔槽。

(3)加工中心

①三爪卡盘装夹,夹持 $\phi88$ mm 外圆。

②铣削上表面。

③粗精铣外轮廓。

④加工 M10 螺纹孔。

2 刀具选用

连接法兰数控加工刀具卡见表 3-7 和表 3-8。

表 3-7　　　　　　　连接法兰数控车床加工刀具卡

零件名称		连接法兰		零件图号		3-32	
序号	刀具号	刀具名称	加工表面	刀尖半径 R/mm	刀尖方位号		备注
1		A3 中心钻	加工中心孔				手动
2		$\phi20$ mm 钻头	加工 $\phi20$ mm 预孔				手动
3		$\phi55$ mm 钻头	扩孔至 $\phi55$ mm				手动
4	T0101	外圆车刀	粗、精车外圆	0.4	03		
5	T0202	3mm 外圆槽刀	加工 5×1 外圆槽				
6	T0303	内孔车刀	粗、精加工内孔	0.4	02		
7	T0404	2mm 内孔槽刀	加工内孔槽				
编制		审核		批准		日期		共 1 页	第 1 页

表 3-8 连接法兰数控铣床加工刀具卡

零件名称		连接法兰		零件图号		3-32	
序号	刀具号	刀具名称	加工表面	刀尖半径 R/mm	刀尖方位号	备注	
1	T01	ϕ60 mm 盘刀	铣削顶面底面	30	01		
2	T02	ϕ16 mm 立铣刀	粗铣外轮廓	8	02		
3	T03	ϕ10 mm 立铣刀	精铣外轮廓	5	03		
4	T04	ϕ10 mm 中心钻	M10 螺纹底孔		04		
5	T05	ϕ8.5 mm 钻头	钻 M10 螺纹底孔		05		
6	T06	M10 丝锥	攻 M10 螺纹		06		
编制		审核		批准		日期	共 1 页 第 1 页

3 加工工序

连接法兰数控加工工序卡见表 3-9 和表 3-10。

表 3-9 连接法兰数控车床加工工序卡

单位名称				零件名称		零件图号	
				连接法兰		3-32	
程序号	夹具名称		使用设备	数控系统		场地	
	三爪自定心卡盘		CKA6140	FANUC 0i-Mate		数控实训中心	
工步号	工步内容		刀具号	主轴转速 n/(r·min^{-1})	进给量 F/(mm·r^{-1})	背吃刀量 a_p/mm	备注
1	三爪卡盘装夹						
2	手动对刀(外圆刀、内孔刀、内槽刀、外圆槽刀)						
3	钻中心孔			1 200			手动
4	钻 ϕ20 mm 孔			400			手动
5	扩 ϕ55 mm 孔			200			手动
6	粗车外轮廓		T0101	600	0.2	2	
7	粗车内轮廓		T0303	600	0.15	1.5	
8	精车外轮廓		T0101	1 000	0.08	0.25	
9	精车内轮廓		T0303	900	0.08	0.25	
10	切外圆槽		T0202	600	0.05	2.5	
11	切内孔槽		T0404	600	0.05	1	
编制		审核		批准		日期	共 1 页 第 1 页

表 3-10　　　　　　　　　　连接法兰数控铣床加工工序卡

单位名称				零件名称		零件图号
				连接法兰		3-32
程序号	夹具名称		使用设备	数控系统		场地
	三爪自定心卡盘		CKA6140	FANUC 0i-Mate		数控实训中心
工步号	工步内容		刀具号	主轴转速 $n/(\text{r}\cdot\text{min}^{-1})$	进给量 $F/(\text{mm}\cdot\text{r}^{-1})$	背吃刀量 a_p/mm	备注
1	三爪自定心卡盘装夹					
2	手动对刀（X、Y、所有刀具 Z 向）					
3	铣削上表面		T01	600	200	1
4	粗铣外轮廓		T02	800	300	3
5	精铣外轮廓		T03	800	300	3
6	加工 M10 螺纹中心孔		T04	1 500	60	
7	钻 M8 螺纹底孔		T05	600	60	
8	攻 M8 螺纹		T06	100	150	
编制	审核		批准	日期		共 1 页　第 1 页

三、加工程序

1 外圆、内孔粗加工

连接法兰外圆、内孔粗加工路线如图 3-35 所示，轨迹生成使用 CAXA 数控车软件中的轮廓粗车方法，采用平行加工方式进行加工，留 0.5mm 余量，详细方法见二维码。

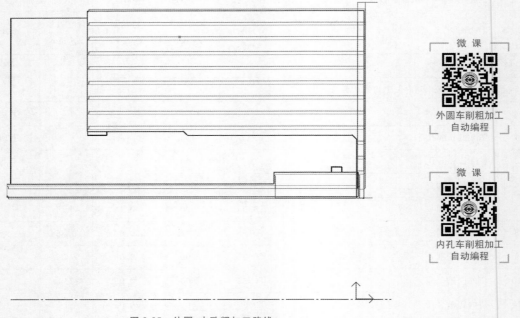

图 3-35　外圆、内孔粗加工路线

2 外圆、内孔精加工

连接法兰外圆、内孔精加工路线如图 3-36 所示，轨迹生成使用 CAXA 数控车软件中的轮廓精车方法，采用平行加工方式进行加工，详细方法见二维码。

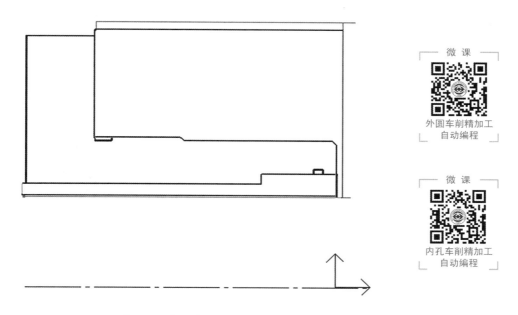

图 3-36 外圆、内孔精加工路线

③ 外圆槽、内孔槽加工

连接法兰外圆槽、内孔槽加工路线如图 3-37 所示，轨迹生成使用 CAXA 数控车软件中的切槽方法，纵深方向加工，粗精加工同时生成，详细方法见二维码。

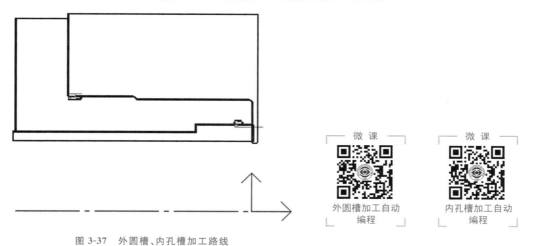

图 3-37 外圆槽、内孔槽加工路线

④ 上表面铣削加工

上表面铣削加工路线如图 3-38 所示，由 A 点下刀，直线切削加工至 I 点，加工轨迹线由 CAXA 制造工程师软件中的平面区域粗加工方式自动生成，详细方法见二维码。

⑤ 外轮廓粗加工

外轮廓粗加工路线如图 3-39 所示，加工过程为 Z 轴分层粗加工，由 A 点下刀，经过 BC 圆弧切入轮廓，途经 D、E、F、G、H、I、J、K 点，由 CL 圆弧退出轮廓，最后返回 A 点，完成一层加工，然后由 A 点沿 Z 轴向下切削下一层，利用 CAXA 制造工程师软件中的平面轮廓粗加工方式生成加工轨迹。详细方法见二维码。

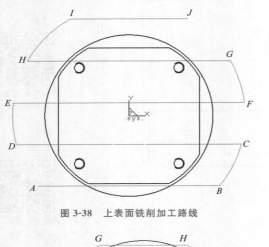

上表面铣削加工
自动编程

图 3-38　上表面铣削加工路线

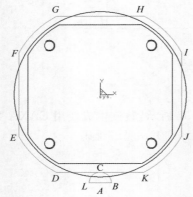

外轮廓粗加工
自动编程

图 3-39　外轮廓粗加工路线

6　外轮廓精加工

　　轮廓精加工采用 CAXA 制造工程师软件中的"平面轮廓精加工"方式生成加工轨迹。轨迹如图 3-40 所示，详细方法见二维码。

　　注意：

　　生成精加工轨迹须要添加刀具半径补偿，方便加工时修改磨损值，容易保证零件尺寸。

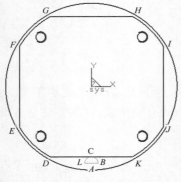

外轮廓精加工
自动编程

图 3-40　外轮廓精加工路线

7 孔加工

M10 螺纹孔须用钻孔攻螺纹方式进行加工,可采用 CAXA 制造工程师软件中的孔加工方式生成加工轨迹,生成程序,刀具轨迹如图 3-41 所示。详细方法见二维码。

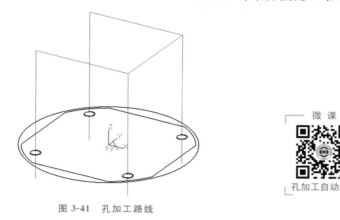

微 课

孔加工自动编程

图 3-41 孔加工路线

四、实操加工

实操加工流程图如图 3-42 所示。

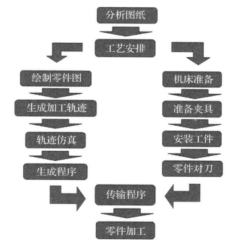

图 3-42 实操加工流程图 2

五、尺寸检测

(1)采用游标卡尺和深度游标卡尺测量工件长度尺寸 20 mm、25 mm、90 mm,外圆直径 ϕ88 mm。

(2)采用外径千分尺测量零件外圆尺寸。

(3)采用内径百分表测量零件内孔尺寸。

(4)采用螺纹塞规测量螺纹尺寸。

(5)采用粗糙度仪测量粗糙度。

参考文献

1.许孔联,赵建林,刘怀兰.数控车铣加工实操教程中级[M].北京:机械工业出版社,2021

2.王明志,李秀艳.数控加工与编程技术[M].北京:化学工业出版社,2021

3.刘兴良.数控加工技术[M].西安:西安电子科技大学出版社,2020

4.周智敏.数控加工工艺[M].北京:机械工业出版社,2021

5.陈为国.数控加工刀具应用指南[M].北京:机械工业出版社,2021

6.杨天云.数控加工工艺[M].2版.北京:清华大学出版社,2021

7.顾京,王骏,王振宇.数控加工程序编制及操作[M].3版.北京:高等教育出版社,2021

8.张若锋,邓健平.数控加工实训[M].北京:机械工业出版社,2020

9.胡建新.数控加工工艺与刀具夹具[M].北京:机械工业出版社,2021

10.陈洪涛.数控加工工艺与编程[M].4版.北京:高等教育出版社,2021

11.张兆隆,孙志平,张勇.数控加工工艺与编程[M].2版.北京:高等教育出版社,2020

12.刘蔡保.数控铣床(加工中心)编程与操作[M].2版.北京:化学工业出版社,2020

13.人力资源社会保障部教材办公室.数控车工(中级)[M].北京:中国劳动社会保障出版社,2021

14.卢孔宝.CAXA数控车编程与图解操作技能训练[M].北京:机械工业出版社,2020

15.涂勇,李建华.数控铣削编程与操作[M].北京:机械工业出版社,2020

16.崔兆华.数控车床编程与操作从入门到精通[M].北京:化学工业出版社,2022

17.王军.机械零件的数控加工工艺[M].2版.北京:化学工业出版社,2020

18.张军.数控机床编程与操作教程[M].北京:机械工业出版社,2021

拓展训练

班级：＿＿＿＿＿＿　　姓名：＿＿＿＿＿＿　　学号：＿＿＿＿＿＿

模　块　一　　任　务　一

应知训练

通过本任务的学习，你是否掌握了数控车削加工的相关知识了呢？赶快拿出手机来测一测吧。

┌ 应知训练 1-1 ┐

应会训练

1.零件如图 1 所示，毛坯 $\phi40$mm 长棒料，材料为 45 钢，加工程序见表 1，使用 VNUC 软件进行仿真加工。

表 1　　　　　　　　　　　　　　　　应会训练 1 加工程序

O1121		程序号
N10	G40 G97 G99 M03 S1000；	主轴正转，转速为 1 000 r/min
N20	T0101；	换 01 号 90°外圆车刀
N30	M08；	切削液开
N40	G00 Z5.0；	刀具快速点定位至加工起点
N50	X22.0；	
N60	G01 Z0 F0.1；	直线插补至工件端面，进给量为 0.1 mm/r
N70	X24.0 Z−1.0；	直线插补切削倒角
N80	Z−10.0；	直线插补切削 $\phi24$mm 外圆
N90	X28.0 C1；	直线插补切削倒角
N100	W−15.0；	直线插补切削 $\phi28$mm 外圆
N110	X32.0 Z−40.0；	直线插补切削锥面
N120	Z−45.0；	直线插补切削 $\phi32$mm 外圆
N130	G00 X100.0；	快速退刀至换刀点
N140	Z100.0；	
N150	M30；	程序结束并返回起点

2.零件如图 2 所示，毛坯 $\phi40$ mm 长棒料，材料为 45 钢，未注倒角 C0.5，加工程序见表 2，使用 VNUC 软件进行仿真加工。

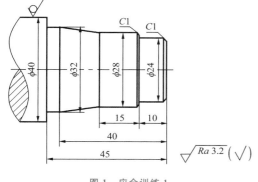

图 1　应会训练 1

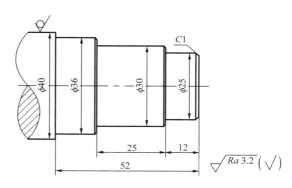

图 2　应会训练 2

表2   应会训练2 加工程序

O1122		程序号
N10	G40 G97 G99 M03 S1000;	主轴正转,转速为1 000 r/min
N20	T0101;	换01号90°外圆车刀
N30	M08;	切削液开
N40	G00 Z5.0;	刀具快速定位至加工起点
N50	X23.0;	
N60	G01 Z0 F0.1;	直线插补至工件端面,进给量为0.1 mm/r
N70	X25.0 Z−1;	直线插补切削倒角
N80	Z−12.0;	直线插补切削 ϕ25 mm 外圆
N90	X30.0 C0.5;	直线插补切削倒角
N100	W−25.0;	直线插补切削 ϕ30 mm 外圆
N110	X36.0 C0.5;	直线插补切削倒角
N120	Z−52.0;	直线插补切削 ϕ36 mm 外圆
N130	G00 X100.0;	快速退刀至换刀点
N140	Z100.0;	
N150	M30;	程序结束并返回起点

任务评价

任务一评价见表3。

表3   任务一评价表

项 目	技术要求	配 分	得 分
仿真操作(55%)	启动软件	2	
	选择机床与系统	3	
	回零	2	
	毛坯选择与安装	3	
	刀具选择与安装	5	
	程序输入	10	
	建立工件坐标系	20	
	仿真结果	5	
	规定时间内完成	5	
代码认知(30%)	F 代码	5	
	S 代码	5	
	T 代码	5	
	M 代码	5	
	G00 与 G01 代码	10	
职业能力(15%)	学习能力	10	
	表达沟通能力	5	
总计			

模块一　　任务二

应知训练

通过本任务的学习,你是否掌握了台阶轴零件的编程及仿真加工的相关知识了呢?赶快拿出手机来测一测吧。

应会训练

1.零件如图 3 所示,毛坯 $\phi40$ mm 棒料,材料为 45 钢,编写加工程序,填入表 4,使用仿真软件验证程序并加工。

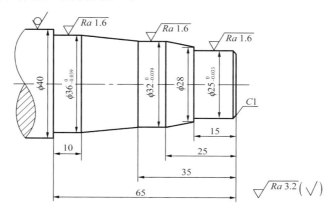

图 3　应会训练 1

表 4　　　　　　　　　　　应会训练 1 加工程序

2.零件如图 4 所示,毛坯 $\phi40$ mm 棒料,材料为 45 钢,编写加工程序,填入表 5,使用仿真软件验证程序并加工。

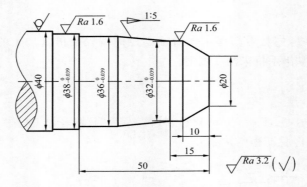

图 4   应会训练 2

表 5   应会训练 2 加工程序

任务评价

任务二评价见表 6。

表 6   任务二评价表

项　目	技术要求	配　分	得　分
程序编制(45%)	刀具卡	5	
	工序卡	10	
	加工程序	30	
仿真操作(40%)	基本操作	15	
	对刀操作	10	
	仿真图形及尺寸	10	
	规定时间内完成	5	
职业能力(15%)	学习能力	10	
	表达沟通能力	5	
总计			

模块一　任务三

应知训练

通过本任务的学习,你是否掌握了简单成型面零件的编程及仿真加工的相关知识了呢? 赶快拿出手机来测一测吧。

应会训练

1.零件如图 5 所示,毛坯 $\phi 40$ mm 棒料,材料为 45 钢,编写加工程序,填入表 7,使用仿真软件验证程序并加工。

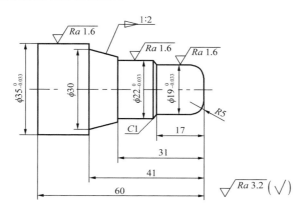

图 5　应会训练 1

表 7　　　　　　　　　　　应会训练 1 加工程序

2.零件如图 6 所示,毛坯 $\phi40$ mm 棒料,材料为 45 钢,编写加工程序,使用仿真软件验证程序并加工。

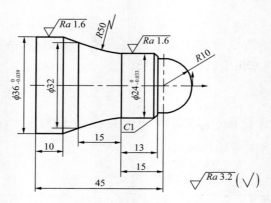

图 6　应会训练 2

表 8　　　　　　　　　　　　　　应会训练 2 加工程序

任务评价

任务三评价见表 9。

表 9　　　　　　　　　　　　　　任务三评价表

项　目	技术要求		配　分	得　分
程序编制(50%)	刀具卡		5	
	工序卡		10	
	加工程序		35	
仿真操作(35%)	基本操作		10	
	新技能	切槽刀选择与对刀	10	
		仿真图形及尺寸	10	
		规定时间内完成	5	
职业能力(15%)	学习能力		10	
	表达沟通能力		5	
总计				

模块一　任务四

通过本任务的学习,你是否掌握了螺纹零件的编程及仿真加工的相关知识了呢? 赶快拿出手机来测一测吧。

应知训练 1-4

应会训练

1. 零件如图 7 所示,毛坯 ϕ40 棒料,材料为 45 钢,未注倒角 C0.5,编写加工程序,填入表 10,使用仿真软件验证程序并加工。

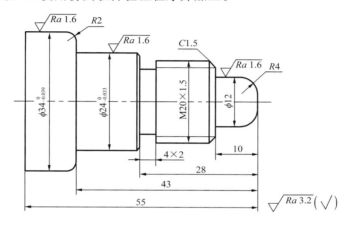

图 7　应会训练 1

表 10	应会训练 1 加工程序	

2.零件如图 8 所示,毛坯 φ40 mm 棒料,材料为 45 钢,编写加工程序,填入表 11,使用仿真软件验证程序并加工。

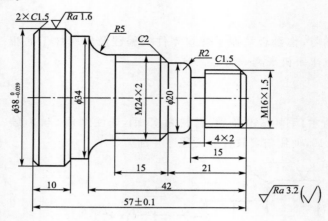

图 8　应会训练 2

表 11　　　　　　　　　　　　　　　　　　　应会训练 2 加工程序

任务评价

任务四评价见表 12。

表 12　　　　　　　　　　　　　　　　　　　任务四评价表

项　目	技术要求		配　分	得　分
程序编制(55%)	刀具卡		8	
	工序卡		12	
	加工程序		35	
仿真操作(30%)	基本操作		10	
	新技能	螺纹车刀选择与对刀	5	
		程序导入与导出	5	
	仿真图形及尺寸		10	
职业能力(15%)	学习能力		10	
	表达沟通能力		5	
总计				

模 块 一　　任 务 五

应知训练

通过本任务的学习，你是否掌握了手柄零件的编程及仿真加工相关知识了呢？赶快拿出手机来测一测吧。

应知训练 1-5

应会训练

1.零件如图 9 所示，毛坯 ϕ40 mm×100 mm，材料为 45 钢，编写加工程序，填入表 13，使用仿真软件验证程序并加工。

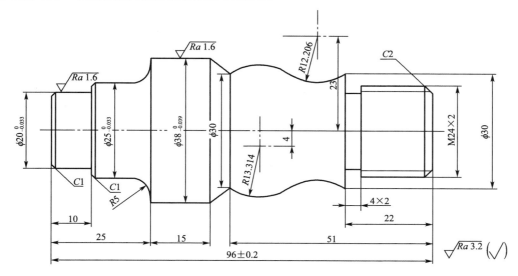

图 9　应会训练 1

表 13　　　　　　　　　　　　应会训练 1 加工程序

2.零件如图 10 所示,毛坯 $\phi40$ mm×108 mm,材料为 45 钢,编写加工程序,填入表 14,使用仿真软件验证程序并加工。

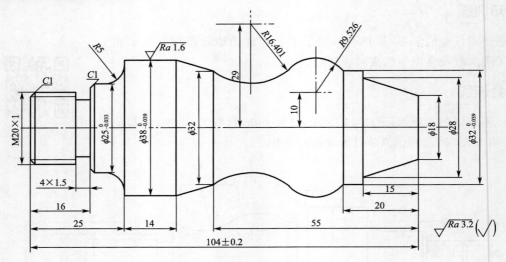

图 10 应会训练 2

表 14　　　　　　　　　　　　　　　　　　　应会训练 2 加工程序

任务评价

任务五评价见表 15。

表 15　　　　　　　　　　　　　　　　　　　任务五评价表

项　目	技术要求		配　分	得　分
程序编制(55%)	刀具卡		10	
	工序卡		15	
	加工程序		30	
仿真操作(30%)	基本操作		10	
	新技能	刀尖角 35°车刀选择	2	
		调头装夹	3	
		调头后对刀	5	
	仿真图形及尺寸		10	
职业能力(15%)	学习能力		10	
	表达沟通能力		5	
总计				

模块一   任务六

应知训练

通过本任务的学习,你是否掌握了盘套类零件的编程及仿真加工相关知识了呢? 赶快拿出手机来测一测吧。

应知训练 1-6

应会训练

1. 零件如图 11 所示,毛坯 $\phi105$ mm×55 m,材料为 45 钢,未注倒角 C1.5,编写加工程序,填入表 16,使用仿真软件验证程序并加工。

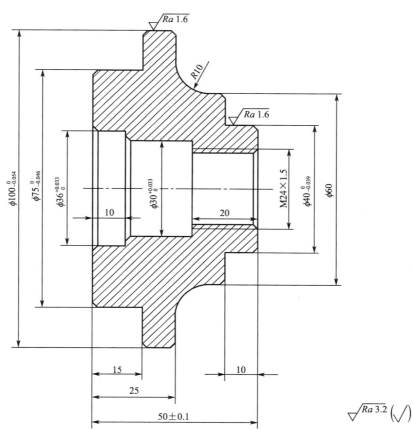

图 11   应会训练 1

表 16   应会训练 1 加工程序

2.零件如图 12 所示,毛坯 ϕ100 mm×50 mm,材料 45 钢,未注倒角 C1,编写加工程序,填入表 17,使用仿真软件验证程序并加工。

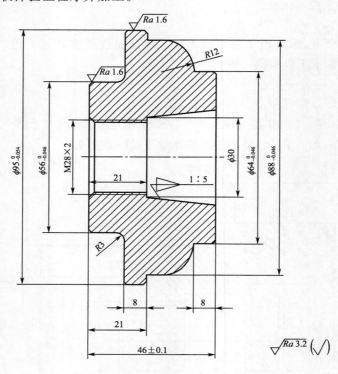

图 12　应会训练 2

表 17　　　　　　　　　　　　　应会训练 2 加工程序

任务评价

任务六评价见表 18。

表 18　　　　　　　　　　　　　任务六评价表

项　目	技术要求		配　分	得　分
程序编制(60%)	刀具卡		5	
	工序卡		15	
	加工程序		40	
仿真操作(25%)	基本操作		5	
	新技能	钻头选择与对刀	5	
		内螺纹刀选择与对刀	5	
		仿真图形及尺寸	10	
	仿真图形及尺寸		10	
职业能力(15%)	学习能力		10	
	表达沟通能力		5	
总计				

模块一　任务七

应知训练

通过本任务的学习，你是否掌握了曲面轴零件的编程及仿真加工相关知识了呢？赶快拿出手机来测一测吧。

应知训练 1-7

应会训练

1.零件如图 1-108 所示，毛坯 ϕ30 mm×35 mm 棒料，材料为 45 钢，未注倒角 C0.5，编写加工程序，填入表 19，使用仿真软件验证程序并加工。

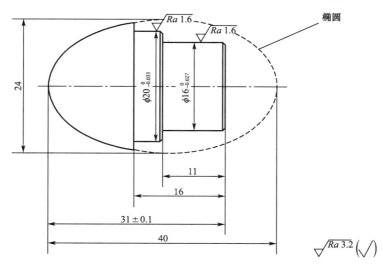

图 13　应会训练 1

表 19　　　　　　　　　　　　　应会训练 1 加工程序

2.零件如图 14 所示,毛坯 ϕ35 mm×45 mm 棒料,材料为 45 钢,未注倒角 C1,编写加工程序,填入表 20,使用仿真软件验证程序并加工。

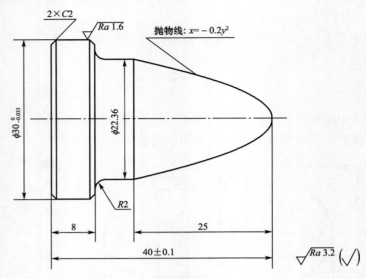

图 14　应会训练 2

表 20	应会训练 2 加工程序	

任务评价

任务七评价见表 21。

表 21　　　　　　　　　　　　　　　任务七评价表

项　目	技术要求	配　分	得　分
程序编制(65%)	刀具卡	2	
	工序卡	18	
	加工程序	45	
仿真操作(20%)	基本操作	5	
	仿真图形及尺寸	15	
职业能力(15%)	学习能力	10	
	表达沟通能力	5	
总计			

模块一　任务八

应知训练

通过本任务的学习,你是否掌握了配合件的车削编程及仿真加工相关知识了呢? 赶快拿出手机来测一测吧。

应知训练 1-8

应会训练

1.零件如图 15 所示,工件 1 毛坯 $\phi55$ mm$\times55$ mm,工件 2 毛坯 $\phi40$ mm$\times75$ mm,材料为 45 钢,图中未注倒角 $C1$,编写加工程序,填入表 22,使用仿真软件验证程序并加工。

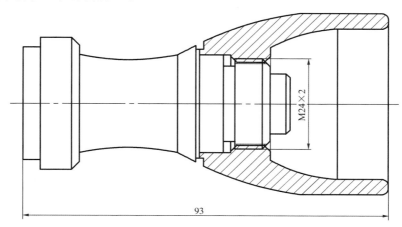

（a）装配图

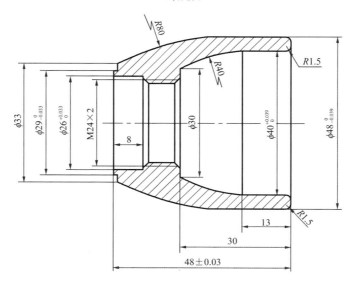

（b）工件 1 零件图

图 15　应会训练 1

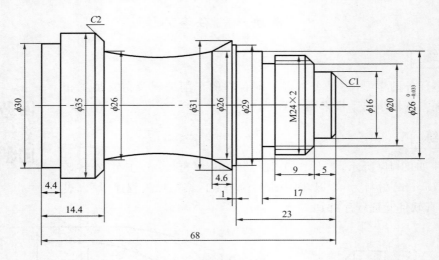

（c）工件2零件图

图 15　应会训练 1（续）

表 22　　　　　　　　　　　　　　　　　　应会训练 1 加工程序

2.零件如图 16 所示,工件 1 毛坯 $\phi55$ mm×110 mm,工件 2 毛坯 $\phi55$ mm×45 mm,材料为 45 钢,图中未注倒角 C1,编写加工程序,填入表 23,使用仿真软件验证程序并加工。

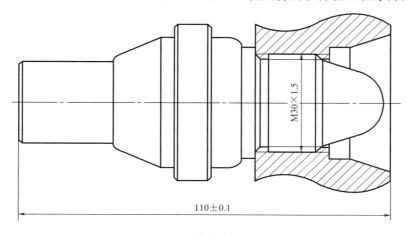

（a）装配图

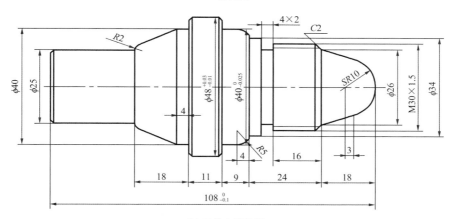

（b）工件 1 零件图

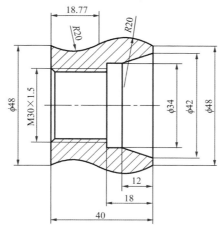

（c）工件 2 零件图

图 16　应会训练 2

表 23　　　　　　　　　　　　　应会训练 2 加工程序

任务评价

任务八评价见表 24。

表 24　　　　　　　　　　　　　任务八评价表

项　目	技术要求	配　分	得　分
程序编制 （55%）	刀具卡	2	
	工序卡	18	
	加工程序	35	
仿真操作 （30%）	基本操作	5	
	仿真图形及尺寸	25	
相关知识和职业能力（15%）	学习能力	10	
	表达沟通能力	5	
总　计			

模块二　任务一

应知训练

通过本任务的学习,你是否掌握了数控加工中心加工零件的相关知识了呢? 赶快拿出手机来测一测吧。

┌ 应知训练 2-1 ┐

应会训练

1.零件如图 17 所示,材料为 45 钢,毛坯 100 mm×100 mm×22 mm,编写加工程序,填入表 25,使用仿真软件验证程序的正确性并加工。

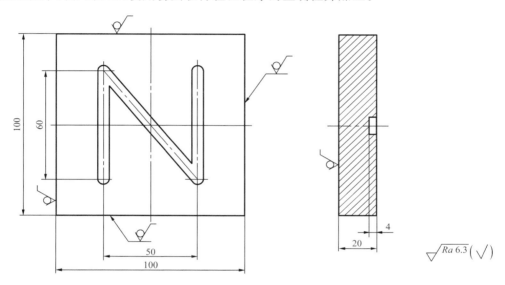

图 17　应会训练 1

表 25　　　　　　　　　　　　　　应会训练 1 加工程序

2.零件如图 18 所示,材料为 45 钢,毛坯 100 mm×100 mm×22 mm,编写加工程序,填入表 26,使用仿真软件验证程序的正确性并加工。

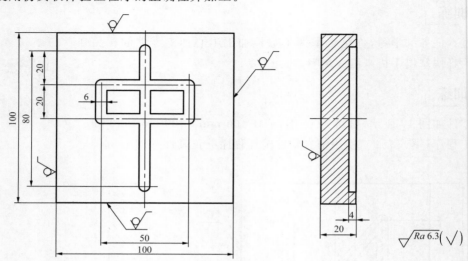

图 18 应会训练 2

表 26 应会训练 2 加工程序

任务评价

任务一评价见表 27。

表 27 任务一评价表

项 目	技术要求	配 分	得 分
仿真操作(55%)	选择机床与系统	2	
	回零	3	
	毛坯选择与安装	5	
	刀具选择与安装	5	
	程序输入	5	
	建立工件坐标系	20	
	仿真结果	10	
	规定时间内完成	5	
加工程序(30%)	加工程序	30	
职业能力(15%)	学习能力	10	
	表达沟通能力	5	
总计			

模块二　任务二

应知训练

通过本任务的学习,你是否掌握了凸台零件的编程及仿真加工的相关知识了呢? 赶快拿出手机来测一测吧。

应会训练

1.零件如图 19 所示,材料为 45 钢,毛坯 100 mm×100 mm×22 mm, 编写加工程序,填入表 28,使用仿真软件验证程序的正确性并加工。

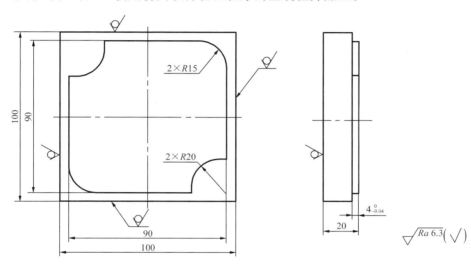

图 19　应会训练 1

表 28　　　　　　　　　　　　　　　　　　应会训练 1 加工程序

2.零件如图 20 所示,材料为 45 钢,毛坯 100 mm×100 mm×22 mm,编写加工程序,填入表 29,使用仿真软件验证程序的正确性并加工。

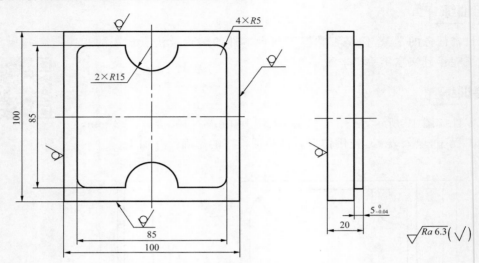

图 20　应会训练 2

表 29　　　　　　　　　　　　　　　　　应会训练 2 加工程序

任务评价

任务二评价见表 30。

表 30　　　　　　　　　　　　　任务二评价表

项目	技术要求	配分	得分
程序编制(45%)	刀具卡	2	
	工序卡	13	
	加工程序	30	
仿真操作(40%)	基本操作	10	
	对刀操作	15	
	仿真图形及尺寸	10	
	规定时间内完成	5	
职业能力(15%)	学习能力	10	
	表达沟通能力	5	
总计			

模块二　任务三

┌ 应知训练 2-3 ┐

┌ 应会训练 ┐

1.零件如图 21 所示,材料为 45 钢,毛坯 100 mm×100 mm×22 mm,编写加工程序,填入表 31,使用仿真软件验证程序的正确性并加工。

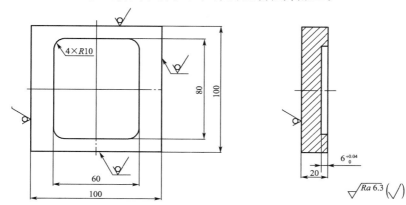

图 21　应会训练 1

表 31　　　　　　　　　　　　应会训练 1 加工程序

2.零件如图22所示,材料为45钢,毛坯100 mm×100 mm×22 mm,编写加工程序,填入表32,使用仿真软件验证程序的正确性并加工。

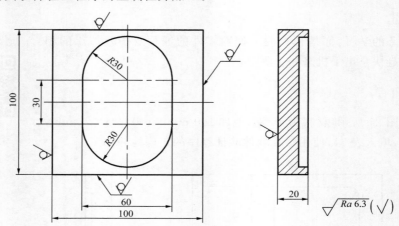

图22　应会训练2

表 32　　　　　　　　　　　**应会训练 2 加工程序**

任务评价

任务三评价见表33。

表 33　　　　　　　　　　**任务三评价表**

项　目		技术要求	配　分	得　分
程序编制(50%)		刀具卡	5	
		工序卡	10	
		加工程序	35	
仿真操作(35%)		基本操作	10	
	新技能	Z 向对刀操作	10	
		仿真图形及尺寸	10	
		规定时间内完成	5	
职业能力(15%)		学习能力	10	
		表达沟通能力	5	
总计				

模块二　任务四

通过本任务的学习,你是否掌握了孔系零件的编程及仿真加工的相关知识了呢?赶快拿出手机来测一测吧。

应知训练 2-4

应会训练

1.零件如图 23 所示,材料为 45 钢,毛坯 100 mm×100 mm×22 mm,编写加工程序,填入表 34,使用仿真软件验证程序的正确性并加工。

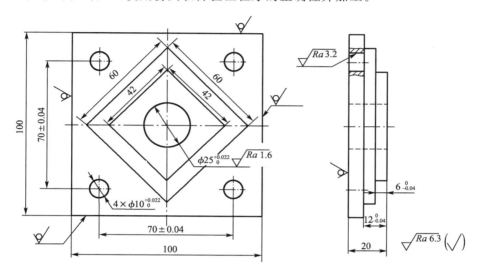

图 23　应会训练 1

表 34　　　　　　　　　　　　　　　　　应会训练 1 加工程序

2.零件如图 24 所示,材料为 45 钢,毛坯 100 mm×100 mm×22 mm,编写加工程序,填入表 35,使用仿真软件验证程序的正确性并加工。

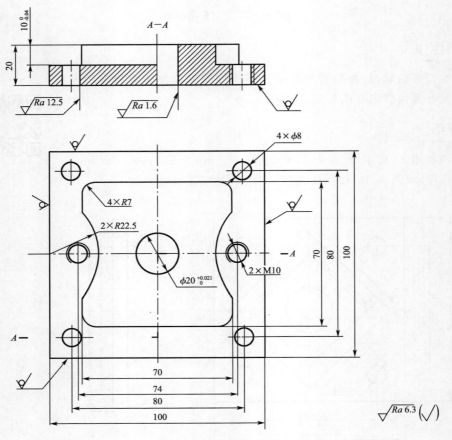

图 24　应会训练 2

表 35　　　　　　　　　　　　　　　　应会训练 2 加工程序

任务评价

任务四评价见表 36。

表 36　　　　　　　　　　　　　　　　任务四评价表

项　目	技术要求	配　分	得　分
程序编制(65%)	刀具卡	10	
	工序卡	15	
	加工程序	40	
仿真操作(20%)	基本操作	10	
	仿真图形及尺寸	10	
职业能力(15%)	学习能力	10	
	表达沟通能力	5	
总计			

模块二　任务五

通过本任务的学习,你是否掌握了槽类零件的编程及仿真加工的相关知识了呢? 赶快拿出手机来测一测吧。

┌ 应知训练2-5 ┐

│ 应会训练 │

1.零件如图25所示,材料为45钢,毛坯100 mm×100 mm×22 mm,编写加工程序,填入表37,使用仿真软件验证程序的正确性并加工。

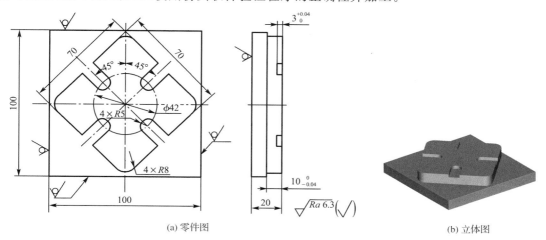

(a) 零件图　　　　　　　　　　　　(b) 立体图

图25　应会训练1

表37　　　　　　　　　　　　　　　应会训练1加工程序

2. 零件如图 26 所示,材料 45 钢,毛坯 100 mm×100 mm×22 mm,编写加工程序,填入表38,使用仿真软件验证程序的正确性并加工。

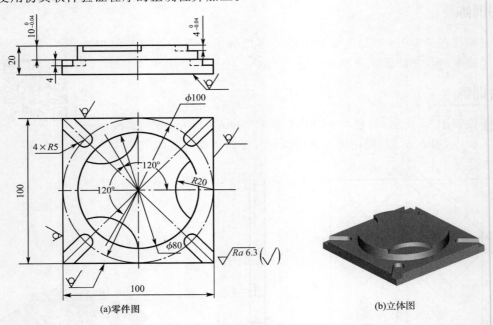

(a)零件图　　　　　　　　(b)立体图

图 26　应会训练 2

表 38　　　　　　　　　　　　　　应会训练 2 加工程序

任务评价

任务五评价见表 39。

表 39　　　　　　　　　　　　　　任务五评价表

项　目	技术要求	配　分	得　分
程序编制(65%)	刀具卡	10	
	工序卡	15	
	加工程序	40	
仿真操作(20%)	基本操作	10	
	仿真图形及尺寸	10	
职业能力(15%)	学习能力	10	
	表达沟通能力	5	
总计			

模块二　　任务六

应知训练 2-6

应知训练

通过本任务的学习，你是否掌握了非圆曲面类零件的编程及仿真加工相关内容呢？赶快拿出手机来测一测吧。

应会训练

1.零件如图 27 所示，材料为 45 钢，毛坯 100 mm×100 mm×22 mm，编写加工程序，填入表 40，使用仿真软件验证程序的正确性并加工。

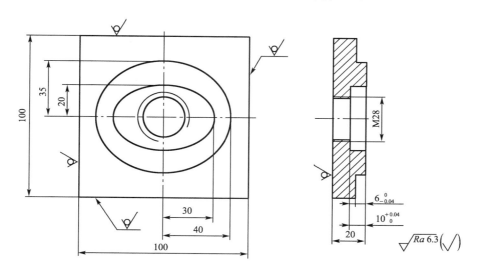

图 27　应会训练 1

表 40　　　　　　　　　　应会训练 1 加工程序

2.零件如图 28 所示,材料为 45 钢,毛坯 100 mm×100 mm×22 mm,编写加工程序,填入表 41,使用仿真软件验证程序的正确性并加工。

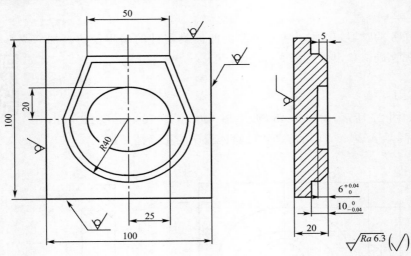

图 28 应会训练 2

表 41 应会训练 2 加工程序

任务评价

任务六评价见表 42。

表 42 任务六评价表

项　目	技术要求	配　分	得　分
程序编制(65%)	刀具卡	10	
	工艺卡	15	
	加工程序	40	
仿真操作(20%)	基本操作	10	
	仿真图形及尺寸	10	
职业能力(15%)	学习能力	10	
	表达沟通能力	5	
总计			

模块二　任务七

应知训练

通过本任务的学习，你是否掌握了配合件的铣削编程及仿真加工相关内容呢？赶快拿出手机来测一测吧。

应知训练 2-7

应会训练

1. 零件如图 29 所示，工件 1 毛坯 70 mm×90 mm×25 mm；工件 2 毛坯 65 mm×85 mm×25 mm；材料均为 45 钢，编写加工程序，填入表 43，使用仿真软件验证程序的正确性并加工。

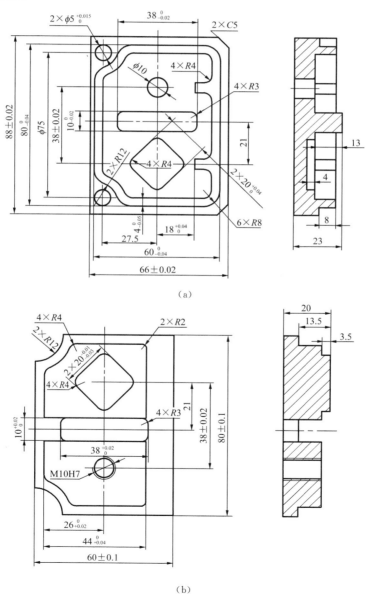

（a）

（b）

图 29　应会训练 1

表 43　　　　　　　　　　　　应会训练 1 加工程序

2.零件如图 30 所示,工件 1 毛坯 70 mm×90 mm×30 mm;工件 2 毛坯 65 mm×85 mm×25 mm;材料均为 45 钢,编写加工程序,填入表 44,使用仿真软件验证程序的正确性并加工。

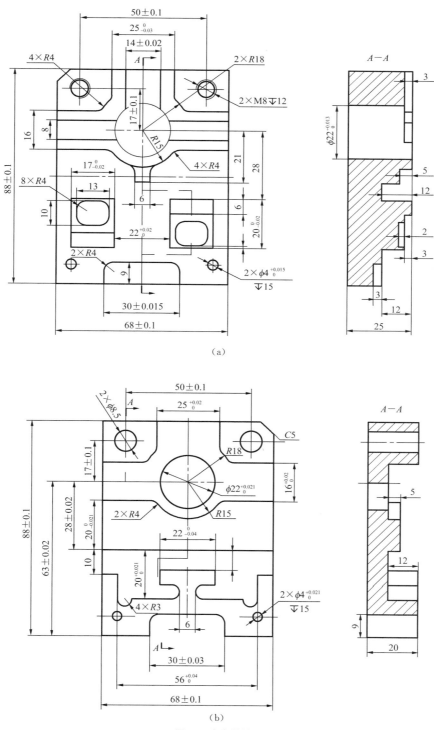

图 30　应会训练 2

表 44　　　　　　　　　　　　　　应会训练 2 加工程序

任务评价

任务七评价见表 45。

表 45　　　　　　　　　　　　　　任务七评价表

项　目	技术要求	配　分	得　分
程序编制 （65%）	刀具卡	2	
	工序卡	18	
	加工程序	45	
仿真操作 （20%）	基本操作	5	
	仿真图形及尺寸	15	
相关知识和职业能力（15%）	学习能力	10	
	表达沟通能力	5	
总　计			

模　块　三　　任　务　一

通过本任务的学习,你是否掌握了数控车削生产加工案例中的相关
知识了呢? 赶快拿出手机来测一测吧。

应知训练3-1

应会训练

千斤顶零件图如图 31～图 35 所示,装配图如图 36 所示,将程序填入表 46,使用
CKA6150 卧式数控车床加工零件并装配,选择量具检验产品质量。

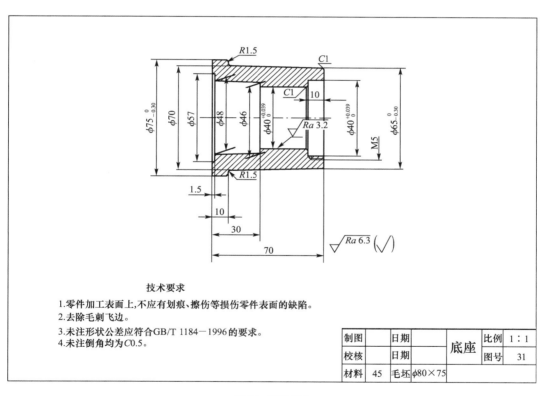

技术要求

1. 零件加工表面上,不应有划痕、擦伤等损伤零件表面的缺陷。
2. 去除毛刺飞边。
3. 未注形状公差应符合GB/T 1184—1996的要求。
4. 未注倒角均为C0.5。

制图		日期		底座	比例	1：1
校核		日期			图号	31
材料	45	毛坯	φ80×75			

图 31　零件图 1

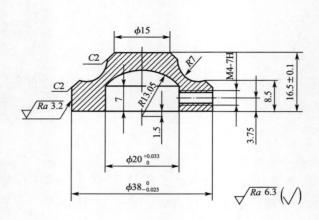

技术要求
1.零件加工表面上,不应有划痕、擦伤等损伤零件表面的缺陷。
2.去除毛刺飞边。
3.未注形状公差应符合GB/T 1184－1996的要求。
4.未注倒角均为C0.5。

制图		日期		顶垫		比例	2：1
校核		日期				图号	32
材料	45	毛坯	φ40×20				

图 32　零件图 2

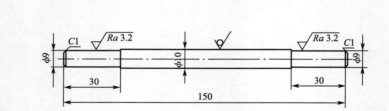

技术要求
1.零件加工表面上,不应有划痕、擦伤等损伤零件表面的缺陷。
2.去除毛刺飞边。
3.未注形状公差应符合GB/T 1184－1996的要求。

制图		日期		铰杠		比例	1：1
校核		日期				图号	33
材料	45	毛坯	φ10×155				

图 33　零件图 3

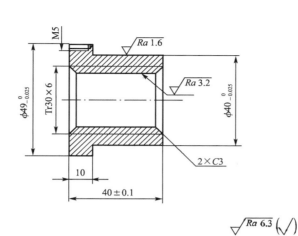

技术要求
1.零件加工表面上,不应有划痕、擦伤等损伤零件表面的缺陷。
2.去除毛刺飞边。
3.未注形状公差应符合GB/T 1184－1996的要求。
4.未注倒角均为C0.5。

制图		日期		螺套	比例	1.5：1
校核		日期			图号	34
材料	45	毛坯	φ55×50			

图 34 零件图 4

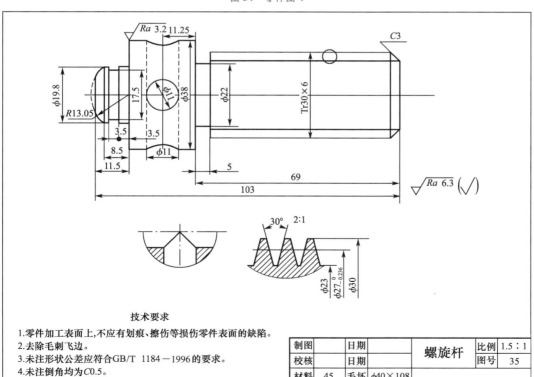

技术要求
1.零件加工表面上,不应有划痕、擦伤等损伤零件表面的缺陷。
2.去除毛刺飞边。
3.未注形状公差应符合GB/T 1184－1996的要求。
4.未注倒角均为C0.5。

制图		日期		螺旋杆	比例	1.5：1
校核		日期			图号	35
材料	45	毛坯	φ40×108			

图 35 零件图 5

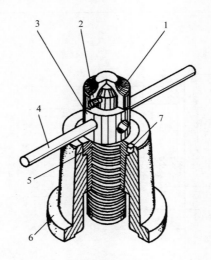

图 36　千斤顶装配图

1—顶垫(零件图 32);2,7—螺钉(标准件);3—螺旋杆(零件图 35);4—铰杠(零件图 33);
5—螺套(零件图 34);6—底座(零件图 31)

表 46　　　　　　　　　　　　　应会训练加工程序

续表

续表

任务评价

任务一评价见表 47。

表 47　　　　　　　　　　　　　任务一评价表

项　目	技术要求	配　分	得　分
加工程序（20%）	刀具、工序卡	5	
	程序	15	
加工操作（65%）	刀具与工件的装卡	5	
	输入程序并模拟	10	
	对刀	10	
	产品质量	30	
	规定时间内完成	5	
	安全文明生产	5	
职业能力（15%）	学习能力	5	
	表达沟通能力	5	
	合作能力	5	
总计			

模块三   任务二

应知训练

通过本任务的学习,你是否掌握了数控加工中心铣削生产加工相关知识了呢?赶快拿出手机来测一测吧。

应知训练 3-2

应会训练

零件图如图 37 和图 38 所示,将程序填入表 48 和表 49,使用 VDF850 加工中心加工零件,并检验产品质量。

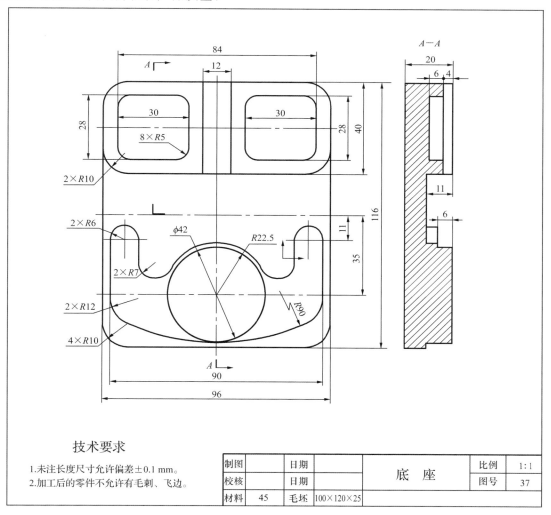

技术要求

1.未注长度尺寸允许偏差±0.1 mm。
2.加工后的零件不允许有毛刺、飞边。

制图		日期		底　座		比例	1:1
校核		日期				图号	37
材料	45	毛坯	100×120×25				

图 37　应会训练 1

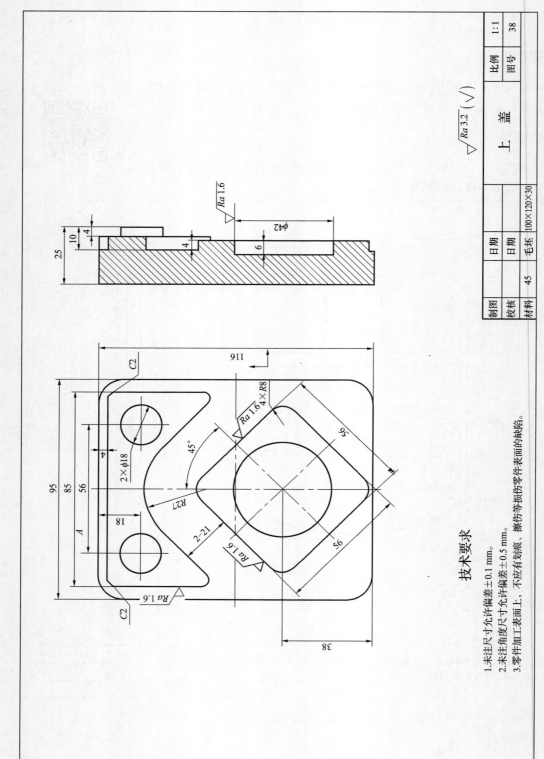

技术要求

1. 未注尺寸允许偏差±0.1 mm。
2. 未注角度尺寸允许偏差±0.5 mm。
3. 零件加工表面上，不应有划痕、擦伤等损伤零件表面的缺陷。

图38　应会训练2

制图		日期		比例	1:1
校核		日期		图号	38
材料	45	毛坯	100×120×30	上　盖	

表 48　　　　　　　　　应会训练 1 加工程序

表 49　　　　　　　　　　　　应会训练 2 加工程序

任务评价

任务二评价表见表 50。

表 50　　　　　　　　　　　　任务二评价表

项目	技术要求	配分	得分
加工程序（20%）	刀具、工序卡	5	
	程序	15	
加工操作（65%）	平口钳装卡工件、找正	5	
	安装刀具	5	
	输入程序并模拟	10	
	X、Y 向对刀	5	
	Z 向对刀	5	
	产品质量	25	
	规定时间内完成	5	
	安全文明生产	5	
职业能力（15%）	学习能力	5	
	表达沟通能力	5	
	合作能力	5	
总计			

模块三　任务三

应知训练

通过本任务的学习，你是否掌握了车铣复合生产加工的相关知识了呢？赶快拿出手机来测一测吧。

应知训练3-3

应会训练

零件图如图39所示，将程序填入表51，加工中心加工零件，并检验产品质量。

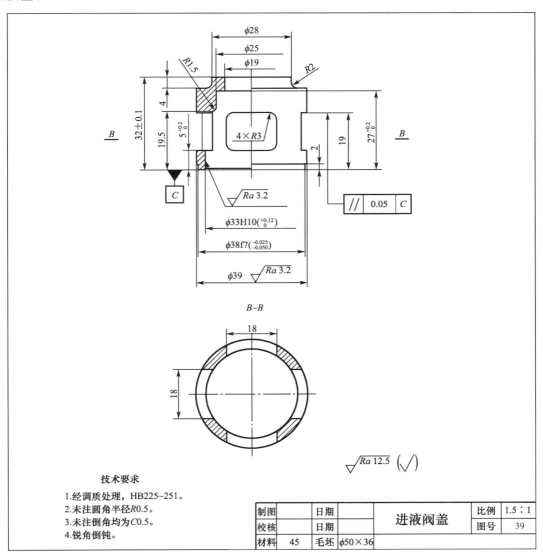

图39　应会训练

表 51　　　　　　　　　　　　　　应会训练加工程序

任务评价

任务三评价表见表 52。

表 52　　　　　　　　　　　　　　任务三评价表

项目	技术要求	配分	得分
加工程序（20%）	刀具、工序卡	5	
	程序	15	
加工操作（65%）	车床刀具与工件的装卡	5	
	车床输入程序并模拟	5	
	车床对刀	5	
	加工中心工件安装、找正	5	
	加工中心装刀	5	
	加工中心 X、Y、Z 向对刀	5	
	加工中心程序输入并模拟	5	
	产品质量	20	
	规定时间内完成	5	
	安全文明生产	5	
职业能力（15%）	学习能力	5	
	表达沟通能力	5	
	合作能力	5	
总计			